CETPM®
at Ansbach University
of Applied Sciences
www.cetpm.de

Andreas Syska Philippe Lièvre

Illusion 4.0

Deutschlands naiver Traum
von der smarten Fabrik

ISBN 978-3-940-77518-4

CETPM GmbH, Institut an der Hochschule Ansbach, Steinweg 5, 91567 Herrieden
http://www.cetpm-publishing.de
Tel.: +49 9825-2038-100

Druckaufbereitung: Stefan Diezinger
Druck und Bindung: BELTZ Grafische Betriebe, Bad Langensalza

Vorwort

Industrie 4.0 – die Idee der webbasiert vernetzten Fabrik – ist mehr als fünf Jahre alt. Das wird sicherlich Anlass für die Treiber von Industrie 4.0 sein, sich einmal mehr gegenseitig auf die Schultern zu klopfen. Völlig zu Unrecht, denn die Industrie muss auf verlorene Jahre zurückblicken. Dabei ist nicht die technische Umsetzung der Vernetzung das Problem, sondern der Mangel an Mut und Phantasie unserer Industrie.

Einst gestartet als Initiative für den produzierenden Mittelstand, wird Industrie 4.0 derzeit vornehmlich von Fabrikausrüstern und der Forschung getrieben. Kein Wunder, denn sie profitieren hiervon als erste. Sie beglückwünschen sich gegenseitig für technische Lösungen, die aber oftmals gar nicht so innovativ sind, wie behauptet wird.

Unhaltbare Heilsversprechen, zahlreiche Trittbrettfahrer und eine enorme mediale Aufmerksamkeit – Industrie 4.0 erfüllt alle Kriterien für einen Hype. Zudem basiert Industrie 4.0 auf dem Denkfehler, dass ein nicht lineares und soziales System wie eine Fabrik mit Algorithmen steuerbar ist. Das hat noch nie funktioniert und es wird auch dieses Mal so sein.

Das Narrenschiff ist auf dem Weg – ohne Ziel und ohne Kompass. Und alle wollen mit. Alle? Nein, denn ausgerechnet diejenigen, um die es eigentlich geht, wollen partout nicht mit an Bord. So erklärt eine wachsende Zahl mittelständischer Produzenten offen, dass sie sich an Industrie 4.0 nicht beteiligen will. Das liegt aber nicht an deren vermeintlicher Schläfrigkeit, wie von den Treibern von Industrie 4.0 gerne kolportiert wird, sondern an der fehlenden Qualität des Angebotenen.

Wie bei jeder großen Veränderung braucht auch Industrie 4.0 eine Vision und eine Antwort auf die Frage nach dem „Warum". Auf beides warten wir seit mehr als fünf Jahren vergebens. Stattdessen hören wir die pauschale Aussage, dass dies nun einmal die nicht aufzuhaltende Zukunft sei. Man fügt noch eine Prise Angst hinzu und behauptet, dass unweigerlich derjenige ins Hintertreffen gerät, der hier nicht mitmacht.

Der eigentliche Sinn der webbasierten Vernetzung besteht aber in datenbasierten Geschäftsmodellen; ihre Potenziale liegen außerhalb der Fabriken. Diese Potenziale findet man aber nicht, wenn der Denkhorizont nur bis ans eigene Werkstor reicht.

Während die Deutschen hingebungsvoll an Schnittstellen tüfteln und sich in technischen Details vergehen, entwerfen die Amerikaner Geschäftsmodelle. Die Rollenverteilung ist klar. Die Amerikaner stecken die digitalen Claims ab und schaffen neue Märkte, während sich die Deutschen widerstandslos den Platz in der zweiten Reihe haben zuweisen lassen – als austauschbare Hardwarelieferanten von Internetunternehmen. Dabei haben unsere Fabrikausrüster, die Industrie 4.0 lediglich als Konjunkturprogramm begreifen und sich angesichts erwarteter Umsatzzuwächse derzeit freudig die Hände reiben, nicht verstanden, dass es genau diese Entwicklung ist, die sie selber hinwegfegen wird.

Ja, die Vernetzung des Digitalen wird die Welt verändern. Deshalb hat Industrie 4.0 endlich die Technikecke zu verlassen und ist von der Gesellschaft und vom Markt her zu denken. Es bedarf völlig neuer Geschäftsmodelle und der Bereitschaft, das Bestehende unsentimental zu zerstören, statt es linear fortzuschreiben. Industrie 4.0 hat nur dann eine Chance auf Erfolg, wenn sie sich die Frage stellt, wie wir alle zukünftig wirtschaften, arbeiten und leben wollen, und aus den Antworten die richtigen Schlüsse zieht.

Industrie 4.0 ist mit dem Anspruch angetreten, über die Vernetzung digitaler Systeme in der Fabrik die Produktion zu revolutionieren. Deshalb sprechen die Protagonisten, also die Treiber von Industrie 4.0, auch von einer industriellen Revolution. Doch weder sind die versprochenen Effekte eingetreten, noch gibt es bei den produzierenden Unternehmen nennenswertes Interesse, an dieser vermeintlichen Revolution mitzuwirken.

An eben dieser Stelle soll das vorliegende Buch ansetzen, eine Orientierungshilfe bieten, aus einer konstruktiv-kritischen Warte heraus Illusionen vorbeugen und damit vor überzogenen Erwartungshaltungen und Fehleinschätzungen bewahren.

Dass dies nur der erste Schritt sein kann, sollte klar sein. Doch es ist der notwendige, und wie so häufig schmerzhafte erste Schritt der Erkenntnis. Erst wenn die hierfür Verantwortlichen den gegenwärtig zu kurz greifenden Ansatz von Industrie 4.0 durchdrungen haben, kann diesem zu einem Vorzeichenwechsel verholfen werden.

Viel Gutes an Industrie 4.0 hätte genau diesen verdient.

Mönchengladbach, im Juni 2016

Inhalt

1 Industrielle Revolutionen

Unter einer Revolution versteht man eine tiefgreifende Wandlung, eine Wende, eine Neuordnung der Dinge.[1] Im Kontext der industriellen Revolutionen ergeben sich die markanten Merkmale, dass zum einen menschliche und tierische Kraft durch mechanische Kraft ersetzt, und zum anderen menschliche Geschicklichkeit teilweise durch Maschinen ersetzt wird. Auch die Tatsache, dass Maschinen Geistestätigkeiten des Menschen übernehmen und in der Lage sind zu lernen, hat revolutionären Charakter.

Es findet im Grundsatz also eine sukzessive Substitution des Faktors Mensch durch Maschinen statt. Dies markiert in der allgemeinen Wahrnehmung die Meilensteine der industriellen Revolutionen. Damit wird die industrielle Revolution ausschließlich auf technologiebasierte Ereignisse reduziert. Das ist jedoch zu kurz gedacht und deshalb wird darüber noch zu reden sein. Aber alles der Reihe nach:

1.1 Wertschöpfung mit Dampf – der Beginn der Industrialisierung

Ein großes Problem bei der Mechanisierung der Industrie im 18. Jahrhundert lag vorrangig in der Bereitstellung ausreichender Energiemengen. Menschliche und tierische Arbeitskraft sowie Wasserkraft stellten bis dato die organische Grundlage der Energieerzeugung dar. Die Begrenztheit dieser Energiequellen war offensichtlich. Die Leistung der Tiere konnte nicht unbegrenzt abgerufen werden, die Verfügbarkeit von Wasserkraft war abhängig von geographischen Bedingungen. Eine signifikante Erhöhung der Energieverfügbarkeit wurde durch die Erfindung der Dampfmaschine realisiert. James Watt verbesserte die von Thomas Newcomer 1705 entwickelte Dampfmaschine entscheidend und ließ diese im Jahr 1769 patentieren.[2] Die sich anschließende

1 Vgl. o.V.: Revolution, 2013, http://www.duden.de/rechtschreibung/Revolution, Zugriff am 04.09.2015.

2 Vgl. Reisinger, N.: Die Entwicklung der Dampfmaschine, in: Österreichische Gesellschaft zur Erforschung des 18. Jahrhunderts (Hrsg.): Zur Ausweitung des Horizonts, Wien, 1999, S. 243.

Erste Industrielle Revolution war durch die anorganische Energieerzeugung mithilfe der Dampfmaschine überhaupt erst möglich.[3] Dabei war technologischer Fortschritt, damals wie heute, kein Phänomen im luftleeren Raum. In letzter Instanz sind es die Menschen, die mit der schönen neuen Welt fortan interagieren müssen. Blicken wir vor die Tore der Städte des 18. Jahrhunderts, waren vier von fünf Personen in der Landwirtschaft tätig.[4] Fortschritt in diesem Umfeld zeichnete sich dadurch aus, dass neue Fruchtpflanzen wie die Kartoffel und neue Anbaumethoden – von einer Dreifelder- zur Fruchtwechselwirtschaft – die Flächenproduktivität gesteigert haben. Das technologische Novum dieser Zeit war auch dort der Einsatz von Dampfmaschinen. Als Pionier in der Anwendung setzte der Engländer Richard Trevithick im Jahr 1811 erstmals eine ortsbewegliche Einheit von Dampfmaschine und Dampfkessel in der Landwirtschaft ein, die über einen Antriebsriemen eine Dreschmaschine antrieb.[5] Das Dreschen des Getreides nach der Ernte musste fortan nicht mehr einzig durch mühselige Handarbeit mit dem Dreschflegel und Muskelkraft geschehen. Neue Technologien und Methoden veränderten die qualitativen und quantitativen Anforderungen an den Produktionsfaktor Arbeit. Eben dieser Faktor wuchs jedoch maßgeblich in der letzten Hälfte des vorherigen Jahrhunderts an. Ein rapides Bevölkerungswachstum von rund 35 Prozent zwischen den Jahren 1750 und 1800 ging nicht minder mit der Frage einher, wie und wo diese Menschen Beschäftigung finden sollten.[6] Wer auf dem Land blieb und abseits oder parallel zur Landwirtschaft ein Einkommen mit der Tätigkeit des Webens oder Spinnens erzielte, sah sich plötzlich mit einer bedrohlichen Situation konfrontiert. Erste kostengünstigere Konkurrenzprodukte aus Übersee drängten auf den Markt. Der mechanische Webstuhl, der idealerweise durch Dampfkraft betrieben nie müde wurde, sollte die wohlstandssichernde Antwort sein. Zumindest für einige wenige. Fabrikanten, die in der Lage waren, diese

3 Vgl. Bortis, H.: Die Industrielle Revolution – das Schlüsselereignis in der Wirtschaftsgeschichte, 2011, S. 33, http://www.unifr.ch/withe/assets/files/Bachelor/Wirtschaftsgeschichte/Wige_IndRev1234.pdf , Zugriff am 14.09.2015.

4 Vgl. Borchardt, K.: Grundriß der Wirtschaftsgeschichte, in: Ehrlicher, W. u.a. (Hrsg.): Kompendium der Volkswirtschaftslehre, 5. Aufl., Göttingen 1975, S. 512.

5 Vgl. Deutsches Museum: Dampflokomobil, http://www.deutsches-museum.de/sammlungen/maschinen/kraftmaschinen/dampfkraftmaschinen/dampflokomobile/, Zugriff am 23.11.2015.

6 Vgl. Duthel, H.: Kapitalismus – Ohne jede Bodenhaftung: Kapital, Gewählte und Hofnarren, Norderstedt 2013, S. 200.

kostspielige und noch exklusive Investition in Dampfkraft zu tätigen, senkten in Folge die Preise für alle in Heimarbeit produzierten Vorprodukte bis unter das Existenzminimum der Bevölkerung. Man saß auf einem sprichwörtlichen Pulverfass. Zunfthandwerker in den Städten gerieten zwischen die Fronten eines sich gegenseitig unterbietenden „Wer-kann-es-billiger-herstellen-Kampfes" und wurden überrollt von einer ersten Urbanisierungswelle all derer, die Zuflucht und Arbeit in den Städten suchten.

Der Einsatz der Dampfmaschine zum Zweck der Erzeugung von Gütern markiert nach heutigem Verständnis den Beginn der Industrialisierung.

1.2 Fabriken unter Strom

Der Einsatz von Elektrizität in den Fabriken markierte die Zweite Industrielle Revolution. Dabei verhalf diese Phase im Zeitraum von 1870 bis 1914 insbesondere der deutschen Chemie- und Elektroindustrie zu volkswirtschaftlichem Gewicht und wahrer Größe. Die Antriebskraft durch Elektrizität anstelle von Dampfkraft zu erzeugen, bedeutete eine weitere Steigerung der Flexibilität in der Anwendung von Kraftmaschinen. Geschichtlich wird diese Innovation allzu gerne dem Amerikaner Thomas Davenport zugesprochen. Tatsächlich wurde der erste brauchbare Elektromotor jedoch von Hermann Jacobi, einem aus Potsdam stammenden Ingenieur, im Jahr 1834 entworfen. Zu dieser Zeit kämpfte Davenport auf einem anderen Kontinent noch mit dem Patentrecht und einem Konzept, das abseits von Miniaturanwendungen leistungsfähig genug war. Dies alles passierte im Schatten der zuvor kennengelernten Dampfmaschine. Vor allem dadurch belächelt, dass der Betrieb von Elektromotoren in diesem frühen Stadium ca. 25-mal so hohe Kosten aufwarf wie die Nutzung der Dampfmaschine. Der Durchbruch gelang schlussendlich mit der Erfindung der Dynamomaschine durch Ernst Werner von Siemens im Jahr 1866.[7] Elektrischer Strom ließ sich zwar nicht so leicht wie Kohle und Wasser zur Dampfkrafterzeugung

7 Vgl. Joachim Herz Stiftung: Elektromotor von Jacobi, http://www.leifiphysik.de/themenbereiche/kraft-auf-stromleiter-e-motor/geschichte, Zugriff am 10.03.2016.

speichern, hatte jedoch entscheidende Vorteile, die auf der Hand lagen. Der Einsatz der Dampfmaschine machte es notwendig, diese in Betriebsbereitschaft zu versetzen und während des Betriebes auch dauerhaft zu befeuern. Der Produzent war also Betreiber der Dampfmaschinen und somit sein eigener Energieerzeuger.

Mit dem Einsatz von zentral erzeugter elektrischer Energie änderte sich das Bild. Die Verantwortung für die Erzeugung und Bereitstellung der Energie ging auf den Energieerzeuger über. Heutzutage würden wir sagen, der Teilbereich wurde „outgesourced". Dabei war der Abruf dieser Energie für den Produzenten jederzeit möglich und erfolgte durch einfaches Umlegen eines Schalters. Keine Investition in eine Dampfmaschine, kein nennenswerter Flächenbedarf, um diese aufzustellen, keine Mitarbeiter zur Energieerzeugung, keine Beschaffung und Bevorratung von Brennmaterial – elektrische Energie war nicht nur bequemer, sondern seit Ernst Werner von Siemens auch wirtschaftlicher.

Wo einst die Dampfmaschine des Fabrikanten über unzählige Wellen und Riemen ihre Leistung umständlich bis in die letzte Ecke der Fertigung verteilen musste, erlaubte die Erfindung des Elektromotors völlig neue Freiheitsgerade. Mechanische Energie, bereitgestellt durch den Elektromotor, war dezentral dort verfügbar, wo man sie brauchte.

Nicht zu kurz kommen darf dabei die Tatsache, dass es mittels Elektrizität auch möglich war, Nachrichten besonders schnell zu übermitteln. Zum ersten Mal in der Geschichte der Menschheit war die Geschwindigkeit der Informationsübertragung nicht mehr an die Reisegeschwindigkeit von Menschen oder Tieren gekoppelt, sieht man einmal von zueinander in Sichtweite aufgebauten Signaltürmen oder der Verwendung von Rauchzeichen ab. Der Morseapparat und später das Telefon waren sichtbare Zeichen dieser informationstechnischen Revolution. Nachrichten konnten schnell über größere Distanzen übertragen werden. Die Umrisse dessen, was wir heute Globalisierung nennen, waren zu erkennen. Die Elektrifizierung bedeutete einen weiteren Schub in der Anwendung von Maschinen in der Produktion und zielte genau wie die Dampfmaschine auf die Erhöhung der Arbeitsproduktivität.

1.3 Wie man Massenmärkte schafft und diese effizient bedient: das System Ford

Betrachtet man den angloamerikanischen Raum, so wurde diese Phase maßgeblich durch das von Henry Ford (1863 bis 1947) im Jahr 1908 für die Produktion des „Model T" entwickelte Ford Produktionssystem geprägt. Henry Ford hatte eine Vision: das Automobil als Massenprodukt. Man muss sich vorstellen, dass zu jener Zeit unzählige Fahrzeugmanufakturen existierten, die in einer Mischung aus Handwerksbetrieb und Entwicklungsbüro einer zahlungskräftigen Kundschaft nur zu gerne exklusive, also ausschließlich auf Kundenwunsch gefertigte Produkte auslieferten. Dies wollte Ford ändern. Er wollte aus dem elitären Produkt „Auto" ein Massenprodukt machen, das erschwinglich war – wenn auch wenig individualisiert. Die notwendige Rezeptur für Fords Traum eines Volksautos war dabei nicht neu. Tatsächlich neu und revolutionär war hingegen sein Weg von der Theorie in die Praxis. Lassen Sie uns genauer hinschauen, was eben diesen auszeichnete.

Grundlegend nutzte Ford vier Elemente, die erst in ihrem Zusammenspiel seinen späteren Erfolg beschreiben können:

- Das Verständnis für Skaleneffekte und ihre konsequente Umsetzung
- Der Aufbau einer arbeitsteiligen Organisation
- Die Einführung von Automation
- Die Schaffung eines Marktes

Skaleneffekte – ein Begriff aus der damals neuen Erkenntniswelt mit dem Namen „Betriebswirtschaft" – ermöglichten Ford sinkende Durchschnittskosten. Dieser Effekt ist auch unter dem Namen Fixkostendegression bekannt und meint, dass der Anteil der fixen Kosten – wie z.B. der Entwicklungskosten oder der Rüstkosten – pro produzierter Einheit bei höherer Stückzahl sinkt. Anstatt jedes Jahr ein neues Auto zu entwickeln, baute Ford über 17 Jahre hinweg im Grunde ein und dasselbe Model T. Anstatt dem Markt einen bunten Strauß an Varianten anzubieten, hat er sich auf eine einzige beschränkt. In der Folge waren die fixen Kosten für Entwicklung und Einrichten der Anlagen, die anteilig von jedem Auto getragen werden mussten, marginal. Ford erzielte somit Kostenvorteile, die er an den Markt weiterreichen konnte.

Auch die Arbeitsteilung war ein wesentlicher Schlüssel zu Fords Erfolg. Er folgte damit der Lehre der wissenschaftlichen Betriebsführung des US-amerikanischen Ingenieurs Frederic Winslow Taylor (1856 bis 1915). Drei Jahre nachdem Ford mit der Produktion seines Model T startete, veröffentlichte Taylor sein Buch „The Principles of Scientific Management", z. Dt. „Die Prinzipien der wissenschaftlichen Betriebsführung", dessen Methoden Ford auf seinen Produktionsprozess anwendete. Ähnlich wie bei der Erfindung des Elektromotors scheint es, als wäre es der eine Amerikaner Taylor gewesen, der dem anderen Amerikaner Ford mit in Gänze neuen Ideen auf den Weg der Erleuchtung führte. Dem war aber nicht so.

Die Blaupause für Taylors Ideen stammte aus einer früheren Zeit. Tatsächlich sollten wir beim Thema Arbeitsteilung und Spezialisierung auf einen schottischen Nationalökonom und aufmerksamen Beobachter zu sprechen kommen, auf Adam Smith (1723 bis 1790). Selbst vor Smith war Arbeitsteilung keineswegs ein Novum – um es vorweg zu nehmen. Ob in der Steinzeit und der Arbeitsteilung zwischen Jägern und Sammlern, der Herstellung von Sakralbauten bei den Maya, Ägyptern, oder aber im alten Griechenland bis hin zum Schiffbau in der Handelsmacht Venedig: Arbeitsteilung und Spezialisierung war immer schon ein Thema. Nur das, was man im Augenblick der Betrachtung mit ihr sinnvolles anstellen konnte, war unterschiedlich. Auch Smith erkannte, dass Arbeitsteilung augenscheinlich die ideale Lösung für die Bewältigung bestimmter Aufgaben war. Die wohl am häufigsten zitierte Erkenntnis erlangte Smith, als er eine kleine Stecknadelmanufaktur mit zehn Mitarbeitern besuchte. Um eine solche Stecknadel herzustellen, sind dabei etwa 18 verschiedene Arbeitsgänge notwendig. Dabei zieht der eine Arbeiter den Draht, der andere streckt ihn, ein dritter schneidet ihn, ein vierter spitzt ihn zu, ein fünfter schleift das obere

Ende, damit der Kopf aufgesetzt werden kann, und so weiter. Führt ein einzelner Arbeiter alle Arbeitsgänge allein aus, hätte er nicht einmal 20 Stecknadeln pro Tag fertigen können. Teilte man die Arbeitsgänge jedoch auf, waren zehn Arbeiter imstande, täglich etwa 48000 Nadeln herzustellen, jeder also ungefähr 4800 Stück.[8]

Taylor griff, und das muss man ihm zusprechen, diese Erkenntnis in seinem Werk auf und formulierte aus ihr Schlussfolgerungen, die Ford anwendete. Dabei war Taylor der Auffassung, dass u.a. eine Zergliederung der Arbeit – so feingranular wie eben nötig und möglich – dazu führt, die Produktivität steigern zu können. Ford gestaltete die Fertigung derart, dass ein jeder Mitarbeiter nur einen absolut limitierten Aufgabenbereich zugewiesen bekam. Mit Scheuklappen ausgestattet fokussierten sich die Mitarbeiter auf einen genau definierten Arbeitsschritt ohne großen intellektuellen Anspruch. Begleitet von Lernkurveneffekten war der einzelne Mitarbeiter dazu in der Lage, bspw. das Lenkrad in kürzester Zeit zu montieren. Aber eben nur das Lenkrad. Dies war in höchstem Maße produktivitätssteigernd und ließ Ford weitere erhebliche Kostenvorteile heben.

Andererseits ist diese Form der physischen wie auch psychischen Monotonie der Ausgangspunkt für eine bis heute anhaltende Diskussion über die menschengerechte Gestaltung, die Humanisierung der Arbeit. Im weiteren Verlauf dieses Buchs werden wir erkennen, dass bei allen Szenarien, in denen Technik den Menschen ablösen könnte, sog. Automatisierungslücken entstehen werden. Diese Lücken werden durch Menschen gefüllt, für die dann entweder die ganz komplizierten oder ganz einfachen Tätigkeiten übrig bleiben.

Aber dazu später mehr und zurück zu Ford: Dieser erkannte zudem, dass die von Taylor aufgezeigte Form der Produktionsprozessoptimierung nur dann funktioniert, wenn die Arbeitsinhalte ausgetaktet sind. Das Gesamtsystem beruht auf stabilen, formalisierten Prozessen des „one best way", bei denen man sich darauf verlassen kann, dass eine

8 Smith, A.: "The Wealth of Nations"– Dt. Übersetzung „Der Wohlstand der Nation", DTV, 10. Aufl. München 2003, S. 9 f.

Montagezeit für das Lenkrad von bspw. einer Minute verlässlich eingehalten wird, und nicht nur im Prinzip, im Mittel, oder aber wenn die Bedingungen gut sind. Der Engpass bestimmt den Gesamtdurchsatz. Jede zeitliche Abweichung würde unweigerlich zu einer Prozessstörung und folglich zu einem Stillstand der Linie führen. Aus diesem Grund ist auch eine hohe Qualität der Zulieferteile und Vorprodukte unverzichtbar.

Dabei sind die Spezifikationen eng und müssen unbedingt eingehalten werden. Konnten Lieferanten damals nicht die geforderte Qualität mit Bezug auf Toleranzen und Passgenauigkeit bereitstellen, setzte Ford zunehmend mehr auf eine Eigenfertigung dieser Vorprodukte. Die Lehre von Ford – erst Organisation, dann Automation – gilt bis heute hin. Die Folgen des Ignorierens dieser Lehre sind schmerzhaft, weil teuer. Eben diese Erfahrung mussten jedoch später viele Unternehmen machen, die einseitig auf Automation (Dritte Industrielle Revolution) bauten und künftig auf webbasierte Anwendungen ohne die notwendigen organisatorischen Strukturen setzten (Vierte Industrielle Revolution). Die Mühlsteine mangelnder organisatorischer Strukturen hängen auch heute noch in vielen Fabriken ertragsmindernd um den Hals des Produzenten.

Massenproduktion mittels der einsetzenden Skaleneffekte war also in der Lage, die Herstellkosten und die benötigte Produktionszeit für ein Produkt zu reduzieren. Konnte man das noch steigern?

Ja, man konnte: durch Automation. An letzter Stelle zum Ford Produktionssystem fehlte ein entscheidender Punkt, den er ebenfalls Taylors Prinzipien entnehmen konnte. Neben standardisierten Prozessen und einem hohen Maß an Prozesssicherheit durch Formulierung von Qualitätsvorgaben sowie deren strikter Einhaltung forderte Taylor zur exakten Fixierung des Leistungsortes und Leistungszeitpunktes auf.[9] Doch wie konnte man den Mitarbeiter an einem Ort fixiert wissen, musste er doch die Bauteile heranschaffen und zum Automobil bringen, in das

9 Vgl. Franke, S.: Gemeinsam erfolgreich, in: Krügl, S./ Murschall, D./ Richter, D.M. (Hrsg.): HR Innovation: Gemeinsam Unternehmenskultur umdenken, Regensburg 2014, S. 98.

diese eingebaut werden sollten? Eine technische Einrichtung musste die Raum- und Zeitüberbrückung derart realisieren, dass die einzelnen Komponenten – ebenso wie das sukzessiv-wachsende Automobil – von einem Leistungsort zum nächsten transportiert wurden. Dies war die Stunde des Fließbandes.

Dabei hat Ford das Fließband gar nicht erfunden. Noch vor seinem Produktionssystem wurde auf einem Schlachthof in Cincinnati im US-Bundesstaat Ohio im Jahr 1870 ein automatisches Fließband industriell eingesetzt und dessen Potenzial für die Arbeitsteilung und Massenfertigung erkannt. Fünf Jahre nach dem Fertigungsbeginn des Model T implementierte Ford diese Technologie. Durch das Zusammenspiel vorhandener Errungenschaften – und nun gekrönt durch das Fließband – war es ihm möglich, die Produktionszeit für ein Automobil von zwölf Stunden auf 93 Minuten zu verringern[10] und über dies den einstigen Preis vom 800 US-Dollar auf 300 US-Dollar zu senken.[11]

Man möchte meinen, damit wären die revolutionären Punkte abgehandelt, die man über Ford erzählen kann. Dieser dachte jedoch den entscheidenden Punkt weiter. Neben diesen notwendigen Bedingungen sorgte er dafür, dass auch eine hinreichende Bedingung erfüllt war: die Schaffung eines Marktes.

Dies war für Ford kein diffuser Gedanke oder gar ein Bauchgefühl. Ford wusste sehr konkret, wie die Welt um ihn herum funktionierte. So sagte er einst: „Die Menschen, welche den Großteil der Waren verbrauchen, sind diejenigen [sic!] die diese Waren herstellen. Diese Tatsache sollte nicht vergessen werden. – Sie ist das Geheimnis unseres Wohlstandes."[12] Ford erkannte, dass es für das Vorhandensein eines Marktes zweierlei Dinge bedarf: Angebot und Nachfrage. Die Hürde auf der Angebotsseite hatte Ford bereits erfolgreich gemeistert. Nachfrage nach einem eigenen Automobil konnte jedoch nur dann entstehen, wenn die Menschen entsprechend ihrer Bedürfnishierarchisierung alle Grundbedürf-

10 Vgl. Nickel, W.: Autos am laufenden Band, http://www.zeit.de/auto/2013-04/ford-fliessband-massenproduktion, Zugriff am 12.03.2016.

11 Vgl. Bender, S.: Vom Underdog zum Selfmademan, Die Biografie von Henry Ford, http://www.henry-ford.net/deutsch/biografie.html, Zugriff am 02.10.2015.

12 Bender, S.: Zitate und Weisheiten von Henry Ford, http://www.henry-ford.net/deutsch/zitate.html, Zugriff am 22.03.2016.

nisse befriedigt wussten und – darüber hinaus – verfügbares Einkommen für ein Automobil hatten. Zudem mussten sie ausreichend Zeit haben, um dieses Geld ausgeben zu können. Eine 6-Tage-Woche mit einer täglichen Arbeitszeit von neun Stunden und geringe Löhne waren hierfür wohl kaum die ideale Grundvoraussetzung.

Daher galt es, die eigenen Mitarbeiter mit der notwendigen Kaufkraft auszustatten und das Arbeitspensum zu reduzieren. Die Idee, dass monetäre Anreize überdies Einfluss auf die Leistungsbereitschaft haben, konnte Ford ebenfalls Taylors Ansatz der wissenschaftlichen Betriebsführung entnehmen. Anstatt die enormen Einsparungen durch Fixkostendegression, Arbeitsteilung und Automation abzuschöpfen, erhöhte Ford die Löhne seiner Mitarbeiter drastisch, was zum damals höchsten Stundenlohn in der Automobilbranche führte: 5 US-Dollar pro Tag.[13]

Machen wir uns deutlich, über was wir hier gerade sprechen: Ein fleißiger Mitarbeiter von Henry Ford war in der Lage, sich nach theoretisch 60 Arbeitstagen ein Auto für 300 US-Dollar der Ford Motor Company zu kaufen. Freilich unterstellt dies fehlende Ausgaben wie Lebenshaltungskosten. Aber selbst mit diesen in unserem Rechenkalkül können wir mit Fug und Recht behaupten, dass sich Fords Mitarbeiter von ihrem Lohn problemlos zwei fabrikneue Autos pro Jahr hätten kaufen können. Utopisch für die heutigen Mitarbeiter am Fließband der großen deutschen OEM.[14]

Ford baute preisgünstige, funktionale Autos. Projizieren wir diese Zahlenwerte auf die Gegenwart, ergibt sich folgende Rechnung: Der Fahrzeugpreis eines heute, im Jahr 2016 erwerbbaren, preisgünstigen wie funktionalen Neuwagens von 18000 Euro müsste ein Fließbandmitarbeiter in 60 Werktagen mit seinem Lohn erwirtschaften können. Dies führt uns unter der Annahme von 252 Arbeitstagen zu einem Jahreseinkommen von rund 123000 Euro brutto, unterstellen wir Steuerklasse 3 und ein Kind. Dieses Lohnniveau gibt uns einen Eindruck dafür, was Ford u.a. – und vor allem bewusst – erreichte.

13 Vgl. Bender, S.: Vom Underdog zum Selfmademan, Die Biografie von Henry Ford, a.a.O.

14 Original Equipment Manufacturer: Erstausrüster. In diesem Zusammenhang die deutschen Automobilproduzenten.

Er erschuf ein Produkt und stattete gleichzeitig genügend Menschen mit der notwendigen Kaufkraft aus, dieses erwerben zu können. Damit nicht genug. Ford kürzte weiterhin die Arbeitszeiten von der 48-Stunden-Woche auf fünf Tage à acht Stunden.[15] In Summe formte er durch seine Interpretation von Arbeitsteilung mithilfe neuer Technologien wie dem Fließband den Automobilmarkt seiner Zeit maßgeblich. Zufriedene Mitarbeiter bei höchstem Lohnniveau, für die das eigene Produkt problemlos erschwinglich war. Dass Henry Ford auf diese Weise die besten Mitarbeiter hatte, war unausweichlich.

Um dies alles richtig zu verstehen, muss man den Hintergrund beleuchten. Die USA waren zu dem Zeitpunkt – noch stärker als heute – ein Einwanderungsland. Viele Menschen – vorzugsweise aus Europa – sind in der Hoffnung auf ein besseres Leben oder aufgrund schierer Verzweiflung dorthin emigriert. Aus Sicht der Industrieunternehmen handelte es sich bei diesen Immigranten um Arbeitskräfte, die zwar hochwillkommen waren, deren fachliche Qualifikation aber völlig unklar war und die der Sprache in der Regel nicht mächtig waren. Gab es da eine bessere Lösung, als Industriearbeit nach dem Taylor'schen Prinzip zu organisieren? Mit einer Gruppe systemgestaltender, also denkender Menschen – dem Management – und einer Gruppe Ausführender, die nach Vorgaben des Managements arbeiten sollten und deren Beiträge zur Verbesserung von Abläufen nicht gefragt waren – ganz einfach, weil man ihnen keine substanziellen Beiträge zugetraut hat. Das hohe Maß an Standardisierung in Verbindung mit hoher Arbeitsteilung, also geringen Arbeitsinhalten für den Einzelnen, ermöglichte die schnelle Einarbeitung dieser Arbeitskräfte. Wer sich in diesem System bewährte, konnte ja noch immer zum Supervisor und möglicherweise Manager aufsteigen. Dies war in einer auf Wachstum ausgerichteten Organisation wie der von Ford eine durchaus realistische Perspektive. Schnelle Integration in die Arbeitswelt, hohe Löhne und Aufstiegschancen: Mit diesen Zutaten bediente Ford perfekt den Traum jener Menschen von einem besseren Leben in der neuen Welt.

15 Vgl. Bender, S.: Vom Underdog zum Selfmademan, Die Biografie von Henry Ford, a.a.O.

Wer also die Zweite Industrielle Revolution in einem Satz lediglich mit der arbeitsteiligen Massenproduktion durch das Fließband erklärt, verkennt die eigentliche Revolution. Die eigentliche Revolution hat in den Köpfen von Menschen wie jenem von Henry Ford stattgefunden. Ford hat sich den Markt, den er bedienen wollte, selber geschaffen. Dies war das eigentlich Revolutionäre.

Im Grunde können wir bei Ford daher von der ersten geistigen Revolution sprechen. Ausgestattet mit dem Handwerkszeug seiner Zeit erschuf er besagte, völlig neue und wahrlich revolutionäre – aber auch notwendige – unternehmerische Geisteshaltung. Was ein Kontrast zu der heutzutage in Wirtschaftsunternehmen üblichen Lohn- und Preisdrückerei!

Ford hatte sich wissenschaftlicher Erkenntnisse und der bestehenden technischen Möglichkeiten bedient, um seine Vision Wirklichkeit werden zu lassen. Ihn dabei lediglich auf das Fließband zu reduzieren, hieße ihm nicht gerecht zu werden. Seit Ford ist klar: Automatisierung funktioniert nur auf Basis von Organisation und Standards. Eine Erkenntnis, die bei der Digitalisierung – Dritte Industrielle Revolution – oftmals ignoriert und bei der Vernetzung – Industrie 4.0 – von essenzieller Bedeutung ist. Das Ford Produktionssystem war perfekt im Verkäufermarkt und bei Wachstum vor dem Hintergrund unbegrenzter Ressourcen.

Ford war jedoch nicht allein. Parallel konnten wir eine gleichgerichtete Bewegung in Deutschland beobachten. Diese hatte ihren Ursprung im Jahr 1886 in der Rotebühlstraße 75 B in Stuttgart. Dort eröffnete Robert Bosch seine „Werkstätte für Feinmechanik und Elektrotechnik", die später zu dem wurde, was uns unter dem Namen „Robert Bosch GmbH" geläufig ist. In den Anfängen beschäftigte sich Bosch überwiegend mit elektrotechnischen Geräten, wie Telefonanlagen und elektrischen Wasserstandsfernmeldern. Der Durchbruch gelang Bosch mithilfe einer genialen Erfindung einer seiner Mitarbeiter. Dies war Gottlob Honold, ein früherer Lehrling Boschs, der im Jahr 1901 den ersten „Hochspannungszünder mit Zündkerze" entwickelte.[16] Der Erfolg dieser und anderer Innovationen veranlasste Bosch, recht früh nach der Gründung seines Unternehmens den unternehmerischen Weg auf internationale Märkte zu wagen. Von Großbritannien über weitere europäische Länder bis in die USA, wo er im Jahr 1906 seine erste Vertretung, gefolgt von seiner ersten Fabrik errichtete. Bereits kurz nach der Jahrhundertwende erwirtschaftete Bosch in Summe 88 Prozent seines Umsatzes außerhalb von Deutschland.[17]

Viel wichtiger noch als die zu kurz greifende Reduktion Fords oder aber Boschs auf technologische Errungenschaften sowie internationale Erfolge ist eine andere revolutionäre Eigenschaft beider Herren. Bosch setzte ebenso wie Henry Ford in den USA als Sozialreformer hierzulande Standards. Anlässlich des 20. Firmenjubiläums im Jahr 1906 führte er den 8-Stunden-Tag ein. Folgt man Hans-Erhard Lessings Bosch-Biographie, so war dies das erste Unternehmen im damaligen Königreich Württemberg und drittes Unternehmen im ganzen Deutschen Reich mit derartiger Ausgestaltung der Arbeitszeiten. Bosch setzte in Folge den arbeitsfreien Samstagnachmittag um und etablierte weitere Sozialleistungen wie die „Angestellten-Hilfe", die „Bosch-Hilfe", die „Bosch-Jugendhilfe" und die „Robert-Hilfe" für Kriegswaisen. Relativ schnell bekam Bosch den Beinamen „der rote Bosch". Kritiker aus den eigenen Reihen betrachteten seine soziale Betätigung als abwegig und geschäftsschädigend. Der Unternehmer war jedoch weder naiv noch leichtgläubig. So sagte er einst: „Ich zahle nicht gute Löhne, weil ich viel Geld habe, sondern ich habe viel Geld, weil ich gute Löhne bezahle". Er war davon überzeugt, dass wenn er seinen Mitarbeitern ein solches Arbeitsumfeld schaffte, ihm dies schlussendlich zu mehr Erfolg verhilft.[18]

Ein weiterer Punkt war in seinem raschen Unternehmenswachstum zu sehen. Er benötigte eine große Anzahl an Mitarbeitern und stand – anders als im Zuwanderungsland USA – bei der Anwerbung und Mit-

16 Vgl. Bosch: Bosch Unternehmensgeschichte, 2011, S. 2, http://www.bosch.com/media/com/bosch_group/history/documents/firmenchronik/Bosch-Geschichte_im_Ueberblick.pdf, Zugriff am 03.12.2015.

17 Vgl. Robert Bosch Stiftung: Der Unternehmer, http://www.bosch-stiftung.de/content/language1/html/8618.asp, Zugriff am 03.12.2015.

18 Vgl. Zimmermann, W.: Unternehmer sind Verrückte: Wie Unternehmer Grenzen überwinden und was Manager von ihnen lernen können, 2.Aufl., Wiesbaden 2014, S. 22.

arbeiterbindung im harten Wettbewerb zu anderen Betrieben im Umland. Bosch hatte im Jahr 1901 45 Mitarbeiter. Im Jahr 1904 waren es schon 283 und vier Jahre später, im Jahr 1908, zählte seine Belegschaft 1103 Personen. 1914 waren es 4726 Mitarbeiter.[19] Im Stuttgarter Raum war es kein Geheimnis, dass die Arbeiter „beim Bosch" mehr verdienen als anderswo. Wie viel genau ermittelte Prof. Dr. Werner Abelshauser, Wirtschaftshistoriker an der Universität Bielefeld. Bosch zahlte damals um 62 Prozent höhere Löhne als die Konkurrenz.[20]

Final war Robert Bosch somit das deutsche Pendant zu Henry Ford, der – ebenfalls mitarbeiterzentriert – Arbeit überdurchschnittlich gut vergütete und Arbeitszeiten reduzierte. Dies geschah, mit im Nachgang wenig Aufmerksamkeit versehen, inmitten technologischer Revolutionen, wie dem Fließband, der Massenproduktion oder einer neuen Form der Zündanlage.

Ford sowie auch Bosch erkannten einen wesentlichen Unterschied gegenüber den Unternehmern der Ersten Industriellen Revolution. Mitarbeiter waren gleichermaßen Kunden. So befähigten sie jene Mitarbeiter auf Basis der notwendigen Freizeit, realisiert durch die 40-Stunden-Woche, sowie durch eine attraktive Bezahlung, aktiv am Wirtschaftsleben teilhaben zu können. Dabei möchten wir beiden Unternehmern keinen unreflektierten Altruismus zusprechen. Dies würde sich schon allein durch das oben genannte Zitat von Bosch verbieten, bei dem er sich dazu äußert, warum er hohe Löhne zahlt. Vielmehr bestand für sie die Möglichkeit, durch enorme Produktivitätssteigerungen günstige Massenprodukte zu fertigen. Wer aber ist in der Lage, sich diese Produkte zu kaufen? Menschen, die wöchentlich mehr als 50 Stunden harter körperlicher Arbeit nachgehen und zudem eine Entlohnung am Existenzminimum erhalten, wie im Falle der schlesischen Weber aus dem Jahr 1844? Ford und Bosch müssen eben dieses Missverhältnis erkannt haben.

19 Vgl. Lessing, H.-E.: Robert Bosch, 2. Aufl. Hamburg 2007, S. 102.
20 Vgl. Abelshauser, W.: Wieso Robert Bosch acht Stunden arbeiten ließ, in: Frankfurter Allgemeine Sonntagszeitung, 28. März 2010, S. 46.

Folglich – und das ist das Resultat ihres Handelns – leiteten sie zwei Dinge ab: zunächst, wie bereits erläutert, was arbeitsteilige Massenproduktion im Kontext ihrer Zeit und für ihr Geschäftsmodell bedeutete. Weiterhin: einen Perspektivenwechsel, vom einst rücksichtslos ausgebeuteten Arbeiter zum geschätzten, weil benötigten Mitarbeiter und Konsumenten industriell hergestellter Massenwaren.

1.4 Vielfältige Kundenwünsche schnell und effizient erfüllen: das Toyota Produktionssystem

Nachdem wir nun Ford und Bosch kennengelernt haben, führt uns die Reise an das andere Ende der Welt. Hier passierten – nahezu zeitgleich – Dinge, die erst viele Jahrzehnte später die Produktion revolutionieren sollten. Zu verdanken haben wir dies dem Sohn eines japanischen Zimmermanns, der auch als der „König der japanischen Erfinder" oder aber ganz simpel als Sakichi Toyoda bekannt geworden ist.

In vorangegangener Erläuterung der Ersten Industriellen Revolution haben wir über den mechanischen Webstuhl gesprochen. An diesem Punkt knüpfte Toyoda im Jahr 1924 mit dem automatisch stoppenden Webstuhl nicht nur sinnbildlich an. Dieser stoppte bei einer Abweichung vom Normalprinzip, z.B. wenn ein Faden zerriss, automatisch. Ein Prinzip, das wir künftig aus dem Toyota Produktionssystems (TPS) als Jidoka-Prinzip kennen lernen sollten. Fünf Jahre nach der Erfindung des automatisch stoppenden Webstuhls verkaufte Toyodas Sohn, Kiichiro Toyoda, im Auftrag seines Vaters die Patentrechte an die englischen Brüder Platt zum Preis von 100000 englischen Pfund. Dieses Geld diente als Startkapital für die 1930 gegründete Toyota Motor Corporation.[21]

Lassen Sie uns genauer betrachten, welch revolutionäre Geisteshaltung sich in Japan bei Toyoda entwickelte. Es war eine weitere geistige Revolution. Im Jahr 1854 nahm im Auftrag des Präsidenten der Verei-

21 Vgl. Liker, J.K.: Der Toyota Weg, 9. Aufl., München 2014, S. 43.

nigten Staaten ein amerikanischer Flottenverband Kurs auf Japan, um die dortige Regierung aufzufordern, ihre mehr als zwei Jahrhunderte dauernde Abschottung aufzugeben und offenen Handel zu betreiben. In den hieraus folgenden Wirren in Japan konnte sich die Gruppe durchsetzen, die für eine Öffnung kämpfte. Die Folgen für Japan waren weitreichend. Innerhalb weniger Jahrzehnte machte das Land eine rasante Entwicklung – von einem isolierten Agrarland mit feudalistischen Strukturen hin zu einem modernen Industriestaat. Dies geschah auf eine für Japan typische Art und Weise: fokussiert, schnell und beharrlich – ohne dabei mit den Traditionen zu brechen. Denn das System gegenseitiger Loyalität zwischen Bauer und Lehnsherr, sprich: dem Samurai, blieb bestehen. Nur dass – in grober Vereinfachung – aus dem Bauern der Fabrikarbeiter und aus dem Samurai der Unternehmer wurde.

Allerdings waren die Voraussetzungen in Japan völlig andere als jene in Europa – und erst recht gegenüber denen der USA. Herrschte in der neuen Welt ein Überfluss an Fläche, Arbeitskräften, Kapital, kurzum: an Ressourcen aller Art, war das prägende Element in Japan die Knappheit eben dieser Ressourcen.

In diesem Land gibt es nichts zu vergeuden – und dies hat jeder Japaner verinnerlicht. Schulkinder spitzen ihre Bleistifte so lange an, bis sie wirklich nicht mehr zwischen Daumen und Zeigefinger zu halten sind – und bedrucktes Papier wird grundsätzlich auch auf der Rückseite beschriftet. Dies ist, spätestens heute, kein Zeichen von materieller Not, sondern Ausdruck einer inneren Haltung. Darüber hinaus führt der allgegenwärtige Platzmangel dazu, dass man in kleinen Häusern und Wohnungen lebt. In diesen ist wirklich kein Platz für die Vorratshaltung von Lebensmitteln. Aus diesem Grund kaufen Japaner ihre Lebensmittel täglich ein: und zwar nur das, was sie am gleichen Tag verbrauchen werden – dafür stets frisch und in kleinen Mengen. Zudem streben Japaner nach Perfektion – es ist ihr Lebenszweck, sich selber und die sie umgebenden Systeme permanent zu verbessern. Das tun sie mit Inbrunst und stets im Team. Ihre Fehlerkultur kennt keine Schuld – und damit auch keine Schuldigen und keine Sühne, geschweige denn Vergeltung. Für sie sind Fehler willkommene Hinweise auf Möglichkeiten der Verbesserung. Nicht zuletzt sind Japaner wahre Qualitätsfanatiker und stets bereit, für gute Produkte gutes Geld zu bezahlen.

Auf diesem geistigen Humus entstand das, was wir erst Jahrzehnte später als Lean Production wahrnehmen sollten. Während Ford in den 20er Jahren die Massenproduktion perfektionierte und zum erfolgreichsten Unternehmer des Planeten wurde, hat der Unternehmer Toyoda die beschriebenen Prinzipien von Verschwendungsfreiheit, Pull, kontinuierliche Verbesserung in kleinen Schritten (Kaizen) und Nullfehlerqualität auf die Produktion übertragen und damit die Basis für das Toyota Produktionssystem bzw. Lean Production geschaffen, was ein halbes Jahrhundert später zur dominierenden Produktionsphilosophie werden sollte. Dabei hat sich auch Toyota, namentlich der legendäre Werkleiter Ohno, wissenschaftlicher Methoden bedient – insbesondere, um die angestrebte Nullfehlerqualität zu erreichen. Deming[22], Juran[23], Shingō[24] und Ishikawa[25] lieferten die notwendigen Werkzeuge für diesen Prozess.

Wichtige Konsequenz für die Produktionen der westlichen Welt war die Überwindung der von Ford propagierten und bis dahin vorherrschenden Trennung von Denkenden und Ausführenden, wie wir bereits oberhalb erwähnten. Mitarbeiter waren plötzlich eingeladen, Schwächen in der Produktion zu erkennen und diese zum Besseren zu verändern. Damit konnten bis dahin unerkannte Qualitäts- und Produktivitätspotenziale erkannt und erschlossen werden.

Die Analyse der Gründe, warum diese Philosophie vom Westen so lange unentdeckt geblieben war, ist bei der späteren Betrachtung von Industrie 4.0 mehr als hilfreich. Das Toyota Produktionssystem hat den

22 William Edwards Deming, *14. Okt. 1900, † 20. Dez. 1993: US-amerikanischer Physiker, Statistiker. Bekannt geworden u.a. als der „Vater des modernen Total Quality Management".

23 Josepf M. Juran, *14. Dez. 1904, † 28. Feb. 2008: US-amerikanischer Elektroingenieur, geboren in Rumänien. Bekannt geworden u.a. durch sein „Quality Control Handbook" sowie sein Konzept des CWQM = Company-Wide Quality Management.

24 Shigeo Shingō, *1909, † 1990: Japanischer Ingenieur. Bekannt geworden u.a. durch die in das TPS eingebrachten Konzepte Poka Yoke (Fehlervorbeugungstechnik) sowie das Rüstzeitreduzierungskonzept SMED (Single- Minute Exchange of Die).

25 Kaoru Ishikawa, *13. Jul. 1915, † 16. Apr. 1989: Japanischer Chemiker. Bekannt geworden u.a. durch das gleichnamige Qualitätswerkzeug, das Ishikawa- oder Fischgrät-Diagramm (1943).

Wertschöpfungsprozess konsequent vom Kunden her gedacht. Dieses System sollte sich im wachsenden Käufermarkt als überlegen erweisen. Dabei ersetzt das Denken in Prozessen das Denken in Ergebnissen, bei dem die Mitarbeiter keine disponiblen Produktionsfaktoren mehr sind. Vielmehr wurden sie – als Akteure – in einen Prozess der kontinuierlichen Verbesserung in kleinen Schritten integriert.

Dies wurde lange Zeit im Westen nicht wahrgenommen – und als es dann wahrgenommen wurde, hat man es zunächst nur als ein weiteres Instrument verstanden, die Kosten zu senken.

1.5 Die digitale Fabrik: Kollege Computer erobert die Fabrikhallen und Büros

Um zu verstehen, was jetzt und hier, in dieser Dritten Industriellen Revolution anders und neu ist, liefert uns Ford mit einem seiner Zitate die ideale Ausgangsbasis. Ford optimierte sein Unternehmen in vielerlei Hinsicht, wie wir gesehen haben. Einher ging dies u.a. damit, seine in Massenfertigung produzierten Fahrzeuge wie das Model T in nur einer Farbvariante anzubieten. So sagte Ford: „Sie können das Ford Model T in jeder Farbe haben, solange diese Schwarz ist".[26] Der Komplexität versperrte Ford durch eine drastische Variantenreduktion den Zugang in seine Werke. Das funktionierte im Jahr 1913 – auf einem Verkäufermarkt – auch blendend. Dem Produzenten riss man die variantenarmen, aber kostengünstigen Produkte allzu gerne aus den Händen.

Mit zunehmender Sättigung der Bedarfe und dem Aufkommen des Individualismus – zumindest im hiesigen Kulturkreis – haben sich die Verhältnisse von Produzenten jedoch fundamental verändert. Der Wandel hin zu einem Käufermarkt gab nunmehr den Takt vor. Mehr Individualität durch Varianten, neue Technologien und tendenziell sinkende Stückzahlen waren die beschreibenden Merkmale. Die Massenfertigung von Henry Ford wurde allmählich zum Auslaufmodell. Die Struk-

26 Vgl. o.V.: 111 Jahre jung., http://social.ford.de/111-jahre-jung/, Zugriff am 13.12.2015.

turen verstanden sich innerhalb dieser Entwicklung mehr in Richtung Einzel- und Kleinserienfertigung. Wenn also nicht mehr alle Autos eine schwarze Lackierung besitzen und ebenso Bauteile und Komponenten eine Individualisierung erfahren, gilt es Kundenaufträge zu Fertigungslosen zusammenzufassen. Sinnvolle Reihenfolgen sowie Produktionsmengen mit einer entsprechenden Terminierung sind festzulegen. Zu diesem Zweck müssen Kapazitäten und deren Verfügbarkeit bekannt sein. Eine Branche, auf die sich neue Anforderungen dieser Art als erstes und mit einer ebenso unverkennbaren Nachhaltigkeit auswirkten, war der Maschinenbau. Und dort setzen die Produktionsforscher hierzulande an: Die überwiegende Anzahl der Theorien des Produktionsmanagements hierzulande wurden an Maschinenbaulehrstühlen entwickelt. Mit der Folge, dass die dort entwickelten Theorien im Prinzip auf den Maschinenbau zugeschnitten waren.

Diese Theorien waren Grundlage für die Programmierung von PPS-Systemen[27], und dies merkt man ihnen bis heute hin an. Sie sind ganz hervorragend darin, die Einzel- und Kleinserienfertigung nach dem Werkstattprinzip – also der Produktion eines Maschinenbauers – zu organisieren. Mit anderen Produktionstypen tun sich diese Systeme bis heute schwer. Diese Lehrstühle und ihre maschinenbaunahe Denke sind aber heute genau die treibenden Kräfte des Themas Industrie 4.0. Das wirft Probleme auf, wie im Folgenden noch zu zeigen sein wird.

Aber auch hier gilt der Grundsatz: alles der Reihe nach. Ausgangspunkt für das neue Zeitalter der Digitalisierung und des Computers war das Jahr 1938, mit der Entwicklung des ersten Rechners Z1 von Konrad Zuse und seinen Folgeentwicklungen der nächsten Jahre.[28] Der Computer war der Enabler dieser Zeit – das zugrundeliegende Problem der sich verändernde Markt. Der Begriff *Enabler* entstammt aus dem Englischen und steht für das Ermöglichen, das Befähigen. Doch genau hier setzte der Computer an. Dies alles fiel in die erwähnte Zeit der Sättigung, eine Zeit, in der von Produzenten erhöhte Anstrengungen verlangt wurden, eine immer anspruchsvollere Kundschaft oder das Bedienen von Ni-

27 Produktionsplanungs- und Steuerungssystem.

28 Vgl. Zuse, H.: Rechner Z1, http://www.horst-zuse.homepage.t-online.de/z1.html, Zugriff am 13.12.2015.

schenmärkten. Es war die Zeit des Wandels vom Verkäufer- zum Käufermarkt – und der Computer versprach Rettung.

1.5.1 NC-gesteuerte Werkzeugmaschinen und Roboter

Eine abgeleitete Entwicklung hatte ihren Ursprung im Jahr 1949. In Zusammenarbeit mit der US-Air Force und dem Massachusetts Institute of Technology entwickelte John T. Parson die erste NC-Fräsmaschine (engl. Numerical Control).[29] Erste, durch das Konzept der NC-Steuerung ausgestattete Maschinen erhielten über einen Lochstreifen und ein maschinenintegriertes Lesegerät Anweisungen zur Werkstückbearbeitung. Abgelöst wurde die unhandliche Lochstreifentechnik mit der Einführung der CNC-Maschinen. Das Deutsche Institut für Normung hält unter der DIN 66257 für den Begriff „CNC" folgende Definition bereit: „Eine numerische Steuerung, die einen oder mehrere speicherprogrammierbare Rechner enthält. Die Funktionsmerkmale dieser numerischen Steuerung werden im Wesentlichen durch die Programmierung der Rechner (CNC-System-Programm) bestimmt."

Konrad Zuses Genialität des Computers war also klein genug geworden, um dezentral in Maschinen vorhanden zu sein. Es erfolgte eine Aufwertung von Werkzeugmaschinen, wie z.B. eine Drehbank, die schon zu Zeiten der Ersten Industriellen Revolution viele Jahre bekannt und wenig neu war. Der Kolben einer Dampfmaschine, der durch Dampfdruck beaufschlagt aus einer Hubbewegung eine Drehbewegung mit entsprechender Mechanik herstellte, wurde regelmäßig mithilfe einer solchen Drehbank hergestellt. Dabei fertigte der Maschinenbediener das Werkstück entsprechend der Zeichnung und steuerte dazu die eingespannten Werkzeuge sowie die Achsen der Maschine durch Erfahrung und Muskelkraft. Über diverse Evolutionsstufen dieser Fertigungsverfahren hinweg gelangten wir – wie oberhalb erläutert – folglich zur Generation der intelligenter gewordenen CNC-Maschine. Aus der Drehbank wurde die Drehmaschine. Wo vormals großes Gespür

29 Vgl. IEEE Computer society: John T. Parsons: http://history.computer.org/pioneers/parsons.html, Zugriff am 29.12.2015.

und Gefühl für Drehzahl und eine kontinuierlichen sowie gleichbleibenden Vorschub per Hand notwendig war, wurden diese Qualitäten nun von der internen Steuerung und ihren Motoren erfüllt. Der Industrie-PC im Schaltschrank nimmt dabei alle notwendigen geometrischen Berechnungen für die Bearbeitung des Werkstücks vor. Abgesehen von Materialzufuhr und dem Werkzeugtausch ist der Bediener lediglich Beobachter des Geschehens und kann durchaus mehrere dieser Werkzeugmaschinen gleichzeitig beaufsichtigen. Abermals erlebten wir einen erheblichen Produktivitätszuwachs.

Parallel dazu wurden Industrieroboter in der Automobilindustrie eingesetzt. Erstmalig trat ein solcher Roboter beim Automobilhersteller General Motors im Jahr 1961 seinen Dienst an.[30] Zeitgleich und vor dem Hintergrund des grenzenlos mächtig erscheinenden Computers kamen erste kritische Stimmen auf. Was folgte waren Diskussionen in der zweiten Hälfte des 20. Jahrhunderts über die „wirkmächtige Vorstellung des fehlerhaften Menschen, die mit der Betonung der Überlegenheit und Perfektion der Maschinen einherging".[31] Man musste den Mitarbeiter und seine Rolle in dieser neuen Arbeitswelt neu verorten. Wofür würde er morgen noch geschätzt werden, erfuhr er doch aktuell eine herbe Entwertung seiner selbst? Computergestützte Fertigungsprozesse, so schien es, waren ihm in allen Belangen überlegen. Gestern gehörte er noch zur Gruppe der wertgeschätzten Spezialisten, heute zur Riege der dequalifizierten Mitarbeiter, leicht zu ersetzen durch angelernte Arbeiter an einer CNC-Werkzeugmaschine. Diese Diskussion eines neuen Mensch-Maschine-Verhältnisses wurde dabei auch außerhalb eingeschworener Interessengemeinschaften geführt. So widmete die Zeitung Der Spiegel im Jahr 1964 die Titelseite der 14. Ausgabe dem Thema Automation in Deutschland. Diese zeigt einen Roboter, der sich seine benötigten Informationen durch eine Lochkarte selber zuführt, den Produktionsprozess souverän in allen Facetten meistert und den kleinen Menschen mit

30 Vgl. Mattern, F.: Die Informatisierung des Alltags: Leben in smarten Umgebungen, Heidelberg 2007,S. 387.

31 Heßler, M.: Die Halle 54 bei Volkswagen und die Grenzen der Automatisierung. Überlegungen zum Mensch-Maschine-Verhältnis in der industriellen Produktion der 1980er-Jahre, in: Zeithistorische Forschungen, 2014, H. 1, S. 56-76. Anmerkung: Die von Frau Prof. Dr. Heßler verwendeten Quellen, in Folge: VW-Mitarbeiterzeitschrift „Autogramm", sowie die VW-Geschäftsberichte aus den 1970er Jahren, konnten durch uns teilweise, mangels Zugriff, nicht verifiziert werden. Wir vertrauen auf die Authentizität dieser Quellen und verwenden diese gemäß dem Literaturverzeichnis ihres Originalbeitrags aus dem Jahr 2014.

einem ebenso symbolisch wie beiläufig ausgeführtem Tritt aus der Produktion entfernt. Mit Bestimmtheit war dies eine überspitzte und drastische Darstellung. Mit ebensolcher Bestimmtheit war sie jedoch der reale Spiegel von Bedenken und Ängsten einer verunsicherten Generation.

1.5.2 Steuerung, Sensoren, Aktoren und SPS

Ein weiteres Merkmal der computerisierten Produktion lag in der Befähigung weiterer Systeme. Die von General Motors in Auftrag gegebene Entwicklung einer speicherprogrammierbaren Steuerung (SPS) im Jahr 1969 zählt auch heute noch zu den Schlüsseltechnologien für eine robuste und echtzeitfähige Automatisierungstechnik.[32]

Sensoren und Aktoren sowie die SPS wurden in zunehmendem Maße benötigt, da sich Produktionssysteme auf die immer häufiger verändernden Bedingungen – sprich Produktvarianten – einzustellen hatten.

Wie geht SPS? Verfügen Sie in Ihrer Küche über einen Kaffeevollautomaten? Stellen Sie sich eine SPS als eine Kiste neben ihm vor. Diese verfügt über Ein- und Ausgänge, an die Sie die Sensoren und Aktoren des Automaten anschließen. Nun ist eine jede speicherprogrammierbare Steuerung von Hause aus „dumm". Sie müssen ihr mitteilen, was ihre Aufgabe ist. Dazu spielen Sie auf diese eine entsprechend programmierte Software auf. Darin enthalten sind folgende von Ihnen festgelegte Anweisungen: Taste „Kaffee": „Wenn der optische Sensor mitteilt, dass eine ausreichende Menge Kaffeebohnen im Vorrat vorhanden ist, steuere das Mahlwerk für fünf Sekunden an. Wenn dann der Wassertemperatursensor einen Wert von 100°C meldet, steuere die Hochdruckpumpe für den Brühprozess einer definierten Kaffeemenge an. Wenn einer der beiden Eingangsparameter fehlt, verweigere den Brühprozess."

Die Variantenvielfalt lässt sich theoretisch beliebig ausweiten und erlaubt ein hohes Maß an Individualität: ob kleine, mittlere oder große

32 Vgl. Hübner, I.: 40 Jahre SPS, http://www.openautomation.de/detailseite/40-jahre-sps/, Zugriff am 18.12.2014.

Tasse, Kaffeeintensität oder Zusätze. Nun werden Sie vielleicht anmerken, dass Ihr Kaffeeautomat sich genauso verhält und Sie keine SPS-Kiste mit Eingängen und Ausgängen in der Küche sehen. Richtig, denn Ihre Maschine ist intern bereits nach genau diesem Prinzip aufgebaut.

Stellen wir uns nun vor, dass wir diese Technologie der SPS auf große Produktionsstätten und ihre Produkte anwenden, erschließt sich uns ihr Potenzial und später eine ihrer maßgeblichen Illusionen automatisch. Plötzlich können – die entsprechenden Sensoren und Aktoren vorausgesetzt – theoretisch unendlich viele Maschinen mit einer begrenzten, aber effektiven Logik ausgestattet werden. Ebenso wenig kennt diese Technologie Limitationen in theoretisch möglichen Varianten. Bei Fords Fertigung des Model T waren die Mitarbeiter alleiniger Sensor wie Aktor zugleich. Ist genug schwarzer Lack in der Lackieranlage? Wie viel Schweißdraht ist noch auf der Rolle? Ist die Schraube fest genug angezogen? Bei indes steigender Variantenvielfalt gerät ein solches System schnell an seine systemimmanente Grenze namens menschlicher Leistungsfähigkeit – sei es durch zu viele Informationen oder schlichtweg Ermüdung.

Ähnlich verhielt es sich mit dem Menschen und seiner Rolle inmitten der Materialwirtschaft, als der „See der Bestände" – Symbol für schlechte Prozesse – noch einem Ozean glich. Nach klassischer Auffassung produzierten unsere hoch effektiv ausgelasteten Maschinenparks der 60er-80er Jahre einen kontinuierlichen Output an Produkten. Erzeugten Beständen in unzähligen Gitterboxen und auf Kleinladungsträgern war man zu dieser Zeit nicht wirklich böse – dienten sie doch einem höheren Zweck. Angekommen auf dem Käufermarkt wollte man dabei alles richtig machen, und stets in der Lage sein, aus dem Stegreif zu liefern. Selbst, wenn temporäre Störungen, Maschinenausfälle oder andere Fährnisse die Fertigung zum Stillstand brachten. Was zählten schon Kapitalbindungskosten, wenn sich eine wirtschaftliche Auslegung der Losgrößen mithilfe der Andler'schen Losgrößenformel herrlich plausibel begründen ließ?

Nein, das Problem war subtiler und bestand in der Verwaltung von Beständen. Visionäre jener Zeit hielten diesbezüglich fahrerlose Transportsysteme (FTS) für das Mittel der Wahl. Nicht der Mensch sollte den physischen Transport und die Einlagerung von Beständen realisieren, sondern FTS. So konnten wir im Bericht zum *Produktionsforum 1988* anlässlich der 8. Arbeitstagung des Fraunhofer-Instituts für Arbeitswirtschaft und Organisation (IAO) in Stuttgart lesen, wie sich eben solche Systeme ihren Weg durch die Fabrik bahnen sollen. Der Maschinenbediener wurde zum Dirigenten befördert, der fortan ein emsiges Heer fahrerloser Transportsysteme befehligen konnte. Ob Ein- oder Auslagern von Material oder aber das Bereitstellen von Vorrichtungen an der Maschine. Die Orchestrierung dieser kleinen Helfer übernahmen – wie sollte es zu dieser Zeit anders gewesen sein – rechnergestützte Systeme. Über Induktionsschleifen im Boden geführt, bahnten sich die Transportsysteme in der Fabrik der Zukunft ihren Weg entlang der vorgegebenen Fahrwege.[33]

Gut 25 Jahre später – und angekommen beim Thema Industrie 4.0: Was glauben Sie, worüber man sich innerhalb der Fraunhofer-Gesellschaft intensiv unterhält? Richtig, über fahrerlose Transportsysteme einer neuen Generation. Zu diesen und smarten neuen Behältertechnologien an späterer Stelle mehr.

1.5.3 Konstruktion

Der Weg von der Produktidee bis zu ihrer Umsetzung kennt viele Zwischenstationen. Nicht zuletzt muss diese durch geometrische Formen beschrieben und so für den Herstellungsprozess greifbar gemacht werden. Mit Bleistift und Tusche ausgestattet, erforderte diese Tätigkeit handwerkliches Geschick und höchste Gewissenhaftigkeit bei der normgerechten Erstellung von Bauteilen und Baugruppen auf dem Zeichenbrett. Auch dies sollte sich durch die Errungenschaft des Computers drastisch ändern.

33 Vgl. Bullinger, H.-J.: Produktionsforum `88 – Die CIM-fähige Fabrik, Berlin u.a. 1988, S. 539-544.

Es schlug die Stunde der rechnergestützten Konstruktion, dem Computer-Aided Design. Das erste Mal konnten wir das Akronym CAD im Jahr 1956 durch den damalige Leiter für NC-Programmiersprachen am MIT, Douglas T. Ross, vernehmen. Aus den für den Eigenbedarf der Flugzeug- und Automobilindustrie entwickelten Systemen gingen in den 1970er Jahren kommerzielle Versionen hervor.[34] Der Vorteil der computergestützten Konstruktion gegenüber dem Freihandzeichnen lag darin, dass Zeichnungsänderungen einfacher vorgenommen werden konnten und Vervielfältigungen mithilfe eines Plotters beliebig oft möglich waren. Ebenso konnten neben Normteilabbildungen auch bereits verwendete Formen dupliziert werden, ohne diese neu zu konstruieren. Dies sparte enorm viel Zeit, war jedoch zunächst auf zweidimensionale Anwendungen begrenzt und ging mit hohen Kosten einher. So konnten derartige Grundsysteme im Jahr 1981 auch schon mal stolze 290000 US-Dollar kosten. Wichtig war jedoch, dass jede weitere Arbeitsstation lediglich mit weiteren 50000-80000 US-Dollar zu veranschlagen war.[35] Dies erklärt – um es vorweg zu nehmen – warum ein regelrechter CAD-Boom ausbrach, waren die extrem kostenintensiven Grundsysteme einst im Hause.

Erste dreidimensionale CAD-Systeme waren ab 1987 verfügbar und schlossen auch diese letzte Lücke.[36] Möglich geworden war die Konstruktion komplexer Bauteile am Bildschirm. Um nun, ausgehend von diesen CAD-Daten der bereits kennengelernten CNC-Maschine, ein für sie lesbares Programm zukommen zu lassen, bedurfte es einer weiteren Technologie, dem CAM-System. Dies steht für das Computer-Aided Manufacturing und erzeugt aus der eingespeisten CAD-Datei die notwendigen Werkzeugwege für eine Bearbeitung durch die CNC-Maschine. Doch da Werkzeugmaschinen – ebenso wie wir Menschen – unterschiedliche Sprachen sprechen, ist eine Art maschinenspezifischer Dolmetscher im letzten Schritt notwendig, der sog. Postprozessor.

Das fertige NC-Programm geht auf die Reise zur Maschinensteuerung.

34 Vgl. Vanja, S. et al.: CAx für Ingenieure, 2. Aufl., Heidelberg 2009, S. 6 f.

35 Vgl. Duus, W. / Gulbins, J.: CAD-Systeme - Hardwareaufbau und Einsatz, Heidelberg u.a. 1983, S. 83.

36 Vgl. Vanja, S. et al.: a.a.O., S. 9.

Auch an dieser Stelle – Sie erahnen es vielleicht – hilft ein System, das sich ebenfalls hinter drei Buchstaben verbirgt. Das DNC-System. Die erste Übersetzung lautete „Direct Numerical Control" und zielte auf die direkte Übertragung des fertigen Programms aus dem Meisterbereich an die CNC-Maschinensteuerung ab. Heutzutage werden Sie bei der Suche nach diesem Akronym wohlmöglich eher auf den Begriff „Distributed Numerical Control" stoßen. Verteilt, verwaltet und korrigiert werden die Programme nunmehr über einen eigenen Server im Netzwerk, an dem die einzelnen Werkzeugmaschinen angeschlossen sind.[37] Dies war ein Meilenstein. Wir sprachen bereits über den Trend der wachsenden Produkt- und Variantenvielfalt. Systeme wie das CAD, CAM und DNC schienen perfekt zu diesem Zeitgeist zu passen. Das CAD ermöglichte in der Konstruktion einfache „Copy&Paste"-Möglichkeiten bestimmter Grundvarianten, die lediglich durch Abänderungen zum individualisierten Produkt werden konnten. In kürzester Zeit. Auch der Mitarbeiter rannte nicht mehr mit dem Lochstreifen oder dem Magnetband zur Werkzeugmaschine, um ihr das neue Arbeitsprogramm einzuspeisen. Dieses war sekundenschnell per DNC-System verfügbar. Es schien, als wäre durch Konrad Zuses omnipräsenter Erscheinung in unseren Fabriken mit dem Namen Computer der Mensch auf dem Shopfloor überflüssiger denn je.

1.5.4 Produktionsplanung und -steuerung

In den Büros der Arbeitsplaner befanden sich in diesen immer komplizierter werdenden Zeiten Plantafeln, die mit zahlreichen Karten gespickt waren, um damit die Auftragssituation und die Belegung der Maschinen in der Fabrik zu visualisieren und zu planen. Diese wichen Zug um Zug Bildschirminhalten, die das Ergebnis von Rechenoperationen des Computers darstellten. Das war das eigentlich Neue: Alle Rechenoperationen, die notwendig waren, um Durchlaufzeiten zu bestimmen, um Kapazitäten vernünftig auszulasten, um Losgrößen zu berechnen und um die ideale Reihenfolge der Bearbeitung zu be-

37 Vgl. Gausemeier, J. / Plass, C.: Zukunftsorientierte Unternehmensgestaltung, 2. Aufl., München 2014, S. 388.

stimmen, hat nun der Computer, genauer gesagt: das Produktionsplanungs- und Steuerungssystem erledigt. Eine Vielzahl derartiger PPS-Systeme fand zu dieser Zeit einen Markt in Deutschland.

Dabei soll die höhere und vom Computer bereitgestellte Logik die Konsequenzen von Maschinenstörungen, Fehlteilen oder Qualitätsproblemen abfangen, um unter den herrschenden Bedingungen den optimalen Plan zu erzeugen. Fertigungsaufträge umterminieren, Materialbedarfe umdisponieren, Bearbeitungsreihenfolgen optimieren, Nacharbeit organisieren: Begriffe, die beschreiben, dass man versucht hat, aus einem grundsätzlich ungeeigneten System das Beste herauszuholen. Man hielt dies damals für Fortschritt. Im Grunde sind solche Systeme nur dazu da, um Mängel zu bewirtschaften.

Bei Toyota ist dieses Vorgehen unvorstellbar. Dort ist man nun wirklich nicht bekannt für den ausgeklügelten Einsatz von IT zur Planung, Steuerung oder Priorisierung des Produktionsgeschehens. Statt ungünstige Bedingungen hinzunehmen, werden diese sukzessive verbessert. Dass dies der bessere Weg ist, hat man später auch im Westen begriffen. Zunächst einmal musste aber verdammt viel Lehrgeld bezahlt werden.

1.5.5 Computer Integrated Manufacturing (CIM)

Gefangen in der Überzeugung, dass der Computer die Lösung war, machte es den Gedanken attraktiv, alle zuvor genannten Elemente miteinander zu verbinden oder besser – zu integrieren. CAD, PPS, BDE[38], FTS u.a. wuchsen zusammen zu CIM (Computer Integrated Manufacturing). Dirigiert von einem Leitrechner werden dabei die digitalen und vernetzten Objekte wie von Geisterhand gesteuert. Fahrerlose Transportsysteme bewegen daraufhin das Material von einer Maschine zur nächsten. Welche das ist, weiß das PPS-System. Denn in einer nach dem Verrichtungsprinzip organisierten Einzel- und Kleinserienfertigung ist der Materialfluss ja ungerichtet. Dieser kann auch über

38 Betriebsdatenerfassung.

ein – natürlich automatisches – Lager führen, in welches das Material eingelagert wird.

Das PPS-System ist das Hirn dieser Fertigung, kennt alle Pläne und den Bearbeitungszustand der Produktionsaufträge. Auf Basis von hinterlegten und in Algorithmen überführten Regeln der Reihenfolge- und Belegungsplanung legt es das Produktionsprogramm täglich neu fest. Es war die Welt der vollautomatischen Montagesysteme mit ihren codierten Werkstückträgern, ihren Vertikalpuffern für Zwischenprodukte, der Ausschleusstationen für Nacharbeit, der spezialisierten Schraubenzuführungen per Rundtakter, der unzähligen Hubzylinder, Sensoren, Pneumatiken, Hydrauliken und vielem mehr, was das Herz des Ingenieurs freudig schlagen lässt. Diese Dinge werden auch heute noch auf Fachtagungen gezeigt, dann aber unter der Rubrik: „Schaut mal, wie naiv wir damals waren."

Ikone dieser Bewegung in Deutschland war die „Halle 54" bei Volkswagen. Dabei handelt es sich um ein 2,1 Milliarden D-Mark teures Stück Wolfsburger Firmengeschichte, an das dort keiner gerne erinnert werden möchte.[39] Wir befinden uns zunächst auf dem Weg in die 1970er Jahre. Die Automobilindustrie schrieb bis zu diesem Zeitpunkt eine Erfolgsgeschichte par excellence, mit jahrzehntelangem und scheinbar unaufhaltsamem Wachstum. Dies änderte sich durch den Einfluss der beiden Ölkrisen 1973 und 1979 maßgeblich. Auch das deutsche Symbolunternehmen Volkswagen war von dieser Volatilität der Märkte hart getroffen. Insbesondere die Absatzzahlen des „Golf" ließen zu wünschen übrig. Grund dafür seien Produktionsausfälle durch Tarifauseinandersetzungen und Streiks gewesen, so hieß es.[40] Die Lohnkosten stiegen sukzessive an[41] und die Deutsche Mark wertete auf.[42] Kurzum handelte es sich um Umstände, welche die eigene Wettbewerbsfähigkeit und Exportposition schwächten.

39 Keller, M.: Collision: GM, Toyota, Volkswagen and the Race to Own the 21st Century, New York 1993, S. 174.

40 Vgl. VW-Geschäftsbericht 1978, S. 14.

41 Vgl. VW-Geschäftsbericht 1977, S. 41.

42 Vgl. VW-Geschäftsbericht 1979, S. 39.

Im Anschluss an einen Besuch einer Wolfsburger VW-Delegation zu Beginn der 1980er Jahre in Japan konnte man der konzerneigenen Mitarbeiterzeitschrift Autogramm entnehmen, dass der dortige „massive Robotereinsatz" – anders als in der Bundesrepublik Deutschland – nicht verteufelt werde.[43] 1981 konstatierte der Leiter der Finanz- und Investitionsplanung in Wolfsburg, Siegfried Höhn: „Unsere Überlegungen gehen davon aus, (...) daß die Japaner (...) die beste Erfahrung und den besten Fortschritt auf dem Gebiet der Produktionsprozesse, sprich auch Robotisierung und Automatisierung haben und (...) eben mit Hilfe dieser Automatisierung einen derart enormen Fortschritt in der Wirtschaftlichkeit der Produktion erreicht haben, daß wir versuchen müssen, Anschluß zu gewinnen."[44]

Das muss man sich mal vorstellen: Sie waren Anfang der achtziger Jahre in Japan und haben Kaizen nicht gesehen. Woran lag das? Nun, sie haben das gesehen, was sie unbedingt sehen wollten. Roboter!

Und daraus haben die Herren von Volkswagen den Schluss gezogen, dass Automatisierung der richtige Weg sei. Die eigentlichen Merkmale japanischer Produktionsmethoden – die später unter dem Begriff Lean Production auch im Westen bekannt werden sollten – blieben ihnen offensichtlich verborgen. Ein wunderbarer Beleg dafür, dass der Mensch oft die Lösung im Kopf hat, obwohl er das Problem noch nicht kennt.

In fataler Folge dieser falschen Wahrnehmung der Dinge setzte Volkswagen das Projekt „Halle 54" in Gang, das nahezu alle Prozessschritte der Fahrzeugfertigung automatisieren wollte.

Im Jahr 1983 war es in der niedersächsischen Autostadt endlich soweit. Eröffnet wurde die „Halle 54", die zum Synonym der hypermodernen Fertigung auf Basis des bereits kennengelernten Computer Integrated Manufacturing wurde.

43 Vgl. Autogramm, 1981, Nr. 7-8, S. 1.
44 Autogramm, 1981, Nr. 5, S. 3.

In einem zweistöckigen Gebäude befand sich auf einer Fläche von 53000 Quadratmetern die vollautomatisierte Endmontage des Golf II und des Jetta. Menschliche Arbeitskraft wurde fortan nur noch in Automatisierungslücken benötigt, also für Restarbeiten, die nicht wirtschaftlich zu automatisieren waren, wie die Ausstattung des Innenraums, die Montage des Kühlers und der Schläuche sowie das Verlegen der elektrischen Leitungen. Die Botschaft für den Mitarbeiter lautete: Eigentlich wollten wir dich das gar nicht machen lassen, aber der Roboter ist noch teurer als du. Noch!

Das Presswerk war 1986 zu 90 Prozent automatisiert, die Lackiererei zu rund 40 Prozent und die Endmontage zu knapp 25 Prozent.[45] Dieser verstärkte Maschineneinsatz verlangte nach einer besonderen Legitimation, die der VW-Konzern mit Argumenten der Automatisierungsdebatte aus den 1960er-Jahren stützte und, in gewohnter Art und Weise, in der Mitarbeiterzeitschrift Autogramm veröffentlichte. Lange zuvor lauteten die Vorteile bereits: „Höhere Produktqualität" – erzeugt durch Robotereinsatz – sowie die Vorteile für den Menschen. Hierbei insbesondere seine körperliche Entlastung sowie seine neuen intellektuellen Überwachungs- und Steuerungsaufgaben. VW betonte diesbezüglich neben der Entlastung der Arbeiter Humanisierungseffekte als Resultat aus einer Unabhängigkeit vom Takt. Einher ging dies mit der Freisetzung von 1000 Mitarbeitern, die vor allem un- oder angelernt waren.

Der damalige VW-Produktionsvorstand Günter Hartwich überschlug sich indes bei Interviews mit dem Loben des Wolfsburger Erfolgs. So sagte er u.a. „auf der Welt gibt es nichts Vergleichbares", oder aber „man muß auch mal wieder über die Deutschen, über VW reden, wenn es um Fertigungstechnik geht – und nicht immer nur nach Japan fahren". Augenscheinlich hatte der Blick nach Japan seine Spuren hinterlassen.[46] Und diese nicht irgendwo, sondern hierzulande: Schließlich war man ja Weltmeister im Engineering – leider aber in den wenig ruhmreichen Disziplinen des Overengineerings und des „Am-Problem-vorbei-Engineerings".

45 Autogramm, 1981, Nr. 3, S. 5.
46 Der Spiegel: Nichts Vergleichbares, 1983, Nr. 37, S. 69-73.

Der Glaube an CIM erhielt zu dieser Zeit global verankerte Bestätigung. Neben dem Vor-Ort-Besuch von VW im Land der aufgehenden Sonne schwappten Berichte über den Atlantik nach Deutschland, die der Beleg dafür waren, mit der Halle 54 genau das Richtige zu tun. In den USA sollte CIM sowohl in der Privatwirtschaft als auch in der Raumfahrt zukunftsweisend sein. Unterstützt von der NASA und der National Academy of Science untersuchte ein zwölf Mitglieder umfassendes Komitee aus Wirtschaft und Wissenschaft, welche Auswirkungen eine CIM-Integration auf real existierende Unternehmen hat, die dieses implementiert hatten.[47] Die gehobenen Potenziale in eben diesen Leitunternehmen veröffentlichte man in Folge einer Studie im Jahr 1984. Die Vorlaufzeit konnte in der Spitze um 60 Prozent gesenkt werden, die Engineeringkosten sanken um bis zu 30 Prozent, während die Produktqualität um 200-500 Prozent anstieg. Die Anzahl der am Fertigungsprozess beteiligten Mitarbeiter konnte zum Teil um 60 Prozent reduziert werden, was folglich zu Einsparungen bei den Personalkosten führte. Als wäre das nicht genug, steigerte sich das Leistungsvermögen pro Ingenieur um 300-3500 Prozent[48] – betrachtete man, wie effektiv dieser nun arbeiten konnte.[49]

In der Theorie war alles ganz toll – leider gab es aus den Niederungen der Wolfsburger Praxis Unerfreuliches zu berichten: Die Performance dieses Systems, so stellte man bei Halle 54 fest, war nämlich ziemlich lausig.

Tatsächlich wurden auf die CIM-Weise effektiv nur 75 von 100 Autos fehlerfrei gefertigt.[50] Warum aber scheiterte die vollautomatische Fertigung von Halle 54? Wir möchten die wichtigsten Gründe herausgreifen. Der damalige Planungsverantwortliche für die Halle 54, Folker Weißgerber, sagte dazu passend: „Die Roboter funktionieren nur, wenn alles auf den Zehntelmillimeter genau passt."[51] Die Anforderung zog sich

47 Vgl. National Research Council: Computer Integration of Engineering Design and Production, Washington 1984, s. Preface S. 5 f. u. Executive Summary S. 1 f.

48 Lt. Originalstudie frei übersetzt: Steigerung, gemessen anhand des Umfangs und der Analysetiefe, welche in gleicher oder geringerer Zeit erbracht werden konnte.

49 Vgl. National Research Council: a.a.O., S. 17.

50 Vgl. o.V.: Nichts Vergleichbares, in: Der Spiegel, 1983, Nr. 37, S. 69-73.

51 o.V.: Nichts Vergleichbares, in: Der Spiegel, 1983, Nr. 37, S. 69-73.

entlang der Versorgungskette bis hin zum Zulieferer von Schrauben. Konnte dieser die Gewinde nicht auf den besagten Zehntelmillimeter genau fertigen, führte eine unsauber gedrehte Schraube zum Stocken des Montagebandes. Weder konnte sich ein Roboter eine neue Schraube greifen, noch konnte er mit dem Montageband weiterwandern. Was wir also sehen, ist einfachste Statistik, gepaart mit fehlender Fehler- und Störungstoleranz. Hätten die Wolfsburger mal Henry Ford gefragt, aber der war zu diesem Zeitpunkt ja schon über 40 Jahre nicht mehr unter den Lebenden und die Erkenntnis vergessen, dass Organisation und Stabilität von Prozessen nun einmal die Grundlage der Automation sind.

Die Eintrittswahrscheinlichkeit für eine Unterbrechung in der Montage ist dabei die Summe aller Einzelwahrscheinlichkeiten, dass ein defektes – und nicht ohne weiteres durch den Roboter auszutauschendes Bauteil – nicht den engen Vorgaben entspricht. Dies führt uns zum maßgeblichen Problem der vollständig autonomen Fertigung. Der Roboter mit seiner effektiven, aber begrenzten Logik stößt mit der Welt des Unvorhersehbaren zusammen. Der Mensch wäre – gegenüber ihm – in der Lage, eine solche Schraube gegen eine neue unverzüglich auszutauschen. Stellte er fest, dass das Gewinde defekt war, hätte er sie herausgedreht, eine fehlerfreie Schraube gegriffen und, wenn nötig, dem Montageband für eine kurze Strecke gefolgt, um diese einzusetzen.

Der Mensch ist somit in der Lage, situativ Entscheidungen zu treffen, und auf Basis von Erfahrungswerten zu improvisieren. Er verfügt über taktisches Wissen (engl. Tactic Knowledge) und ist nicht statisch an eine limitierte Logik gebunden. Dennoch glaubte man, auf dem richtigen – weil vernetzten – Weg zu sein. So hat Professor Scheer[52], den wir auch noch bei Industrie 4.0 antreffen werden, 1988 verlauten lassen: „Aufgrund der zunehmend engeren Einbindung von Zulieferer-Liefe-

52 Prof. Dr. Dr. h. c. mult. August –Wilhelm Scheer: Professor Scheer war von Mai 1975 bis Februar 2005 Direktor des Instituts für Wirtschaftsinformatik (IWi) am Deutschen Forschungszentrum für Künstliche Intelligenz (DFKI) an der Universität des Saarlandes. 1984 gründete er das Software- und Beratungsunternehmen IDS Scheer AG. In den Jahren 2006 bis 2008 war er Mitglied im Rat für Innovation und Wachstum der Bundesregierung und wurde im Februar 2010 in die Forschungsunion Wirtschaft – Wissenschaft berufen.

ranten-Beziehungen wird für viele mittelständische Zulieferer-Unternehmungen die Einführung von CIM zur Überlebensfrage."[53]

CIM ist gescheitert, aber die erwähnten Unternehmen sind stärker denn je. Irgendetwas passt hier nicht zusammen.

Bzgl. der Herstellerangebote für den Mittelstand positionierte man sich im Hause Scheer wie folgt: „Es wurde herausgestellt, daß für den Mittelstand insbesondere das fehlende CIM-Know-How zum Engpaß wird. (...) Dem mittelständischen Anwender muß (...) ein CIM-Paket angeboten werden."[54] Dieses enthält den Zusammenschluss aus Hardware, Software sowie organisatorischer Beratung und Schulung.

Dass das Unternehmen von Scheer – was hier nur stellvertretend für alle anderen steht – gerne bereit stand, verstand sich von selbst und wäre ja auch vollkommen in Ordnung gewesen, wäre CIM der richtige Ansatz gewesen. War es aber nicht.

Warum hat sich das Thema dennoch über viele Jahre hartnäckig gehalten? Nun, CIM war nicht nur der Versuch, die Fabriken zu befähigen, den Käufermarkt in seiner Vielfalt zu bedienen, sondern war implizit mit einem gesellschaftlichen Auftrag verbunden. Nämlich dem, die Menschen von der Fron der Industriearbeit zu erlösen und die menschenleere Fabrik zu schaffen. Schließlich galt zu der Zeit Industriearbeit als etwas Schlimmes. Die Menschen aus den Fabriken zu befreien war also ein sozialer, menschenfreundlicher Akt. Großzügig ausgestattete Forschungsprogramme wie „Humanisierung der Arbeit" hatten die gleiche ideologische Grundlage und flankierten diesen Prozess. So förderte die Bundesregierung zwischen 1987 und 1992 das neue CIM-Zeitalter mit 580 Millionen DM. Piloteinführungen und fortgeschrittene Anwendungen in 1200 Unternehmen wurden mit 300 Millionen DM unterstützt und insgesamt 21 CIM-Transferzentren an Universitäten eingerichtet. Deren Aufgabe bestand neben einem Seminarangebot

53 Scheer, A.-W.: CIM – eine Herausforderung für den Mittelstand, in: Scheer, A.-W. (Hrsg.): Computer Integrated Manufacturing, Heidelberg 1988, S. 3.

54 Scheer, A.-W.: a.a.O., S. 13.

übrigens darin, Beratung für den Mittelstand anzubieten und eine rege Öffentlichkeitsarbeit zu betreiben.[55]

Industriearbeit als Fron: eine Sichtweise, auf die man kommen kann, wenn man zwar das Kapital von Marx und Engels gelesen hat, Fabriken ansonsten aber nur vom Hörensagen kennt und gerüstet mit dieser Art von Halbwissen den langen Marsch durch die Institutionen antritt. So ging es noch eine ganze Weile und wurde begleitet von einem rauschähnlichen Zustand der allumfassenden Automation. Viele Unternehmen folgten der von der Bundesregierung finanziell unterstützten Reise in das Automatenzeitalter. Alle scheiterten, jeder auf seine Weise.

So die Firma Graetz. In deren Bochumer Fernsehwerk wurde mithilfe von mehr als zwei Dutzend Bestückungsautomaten das 50-fache an Bauteilen verarbeitet, was einst Mitarbeiterhände haben leisten können – 450000 Bauteile pro Schicht. Wörtlich konnten wir dazu lesen: „Über allem thront ein Roboter, von den Bochumern der *blaue Klaus* genannt. In nur 30 Sekunden nagelt der hilfreiche Klaus mit 33 Klammern die Front des Geräts mit dem Gehäuse zusammen, rund 1000 Stück pro Schicht." Fertigungstechnisch, wusste der damalige Werksdirektor Gerhard Blume, habe Graetz eines der modernsten und effizientesten Werke der Branche. Bis 1990 sollte die Produktionszeit abermals halbiert werden, auf dann eine Stunde.[56] Hinter den Kulissen: Die Graetz KG als Teil eines Familienunternehmens mit langer Tradition wurde 1948 im westfälischen Altena gegründet, wo man auf dem Gelände einer ehemaligen Munitionsfabrik von Thyssen-Krupp begonnen hatte, Radio- und Fernsehgeräte in Westdeutschland zu fertigen. Begleitet von einer Expansions- und Erweiterungswelle – u.a. durch das Fernsehwerk IV in Bochum – fertigte Graetz in den späten 50er Jahren an 13 Produktionsstandorten mit ca. 5000 Mitarbeitern. Im November 1961 schied Erich Graetz aus dem Unternehmen nach der Übernahme durch die Standard Elektronik Lorenz-Gruppe (SEL) aus. Gefertigt wurde weiter unter dem Namen Graetz. Erneut weitergereicht wurde das Unternehmen an Nokia, das dieses 1987 erworben hatte, und nur fünf Jahre später, im

55 Vgl. Vahrenkamp, R.: Von Taylor zu Toyota, Rationalisierungsdebatte im 20. Jahrhundert, 2. Aufl. Köln 2013, S. 128.
56 Vgl. o.V.: Die eiserne Hand schafft mehr, in: Der Spiegel, 1984, Nr. 21, S. 20-26.

Jahr 1993, die Produktion einstellte. Schuld daran war insbesondere der wachsende Druck aus Fernost mit ihrem überlegenen Produktionssystem. Trotz CIM: Graetz war endgültig Geschichte.[57]

Volkswagen, Graetz und andere waren der Überzeugung, das Richtige getan zu haben und waren stolz auf das Geleistete. Unternehmen, die heute teilweise nicht mehr existieren. Sie haben ihr Heil in Performanceverbesserung der Fabrik gesucht und dabei übersehen, dass sich die Welt verändert hat. Es war das Rennen zwischen Hase und Igel. Der Hase war die Automatisierung und Vernetzung, der Igel der Kundenmarkt – in Begleitung seiner Partnerin, der Komplexität. Sie wissen, wer gewonnen hat und wer erschöpft gestorben ist.

CIM-Systeme wurden immer größer, komplizierter und aufwändiger zu administrieren und zu supporten – die gewünschten Ergebnisse blieben aber aus. So wurde der Hase CIM still begraben. An diesem Umstand vermochte offenbar auch „der blaue Klaus" nichts zu ändern. Niemand wollte rückblickend etwas mit CIM zu tun gehabt haben. So lernt man aber nicht – vielmehr macht man die gleichen Fehler erneut.

Gäbe es nur halb so viele Bücher, die sich mit den Gründen des Scheiterns von CIM befassen, wie Bücher, in denen die schöne Welt der computerintegrierten Produktion mit euphorischen Worten beschrieben worden ist, dann könnten wir hier für die Industrie 4.0 wichtige Schlüsse ziehen. Gibt es aber nicht. Deswegen unternehmen wir einen eigenen Versuch.

CIM ist aus folgenden Gründen gescheitert:

- Es basiert auf der Denke des Maschinenbaus – die Industrie in ihrer Gesamtheit hat sich hier nicht wiedergefunden
- Automation ist keine geeignete Antwort auf eine vom Markt geforderte Produktvielfalt
- Vernetzung schafft störungsanfällige Systeme

57 Vgl. Vierhaus, R.: Deutsche Biographische Enzyklopädie, 2. Aufl., München 2006, S. 88.

- Der Versuch, diese Störungen im Vorfeld zu vermeiden, bindet so viel Kapazität an Technikern, Ingenieuren und Softwarespezialisten, dass diese Systeme unwirtschaftlich sind.

Und mitten in die größte Krise der Fabrikautomation platzte eine Studie eines amerikanisch-britischen Forscherteams, das die weltweite Automobilindustrie untersucht hat: die zweite Revolution in der Autoindustrie von Womack, Jones und Roos. Das Fazit war niederschmetternd: Japanische Automobilproduzenten sind gleichzeitig produktiver, flexibler, produzieren bessere Qualität und das Ganze bei geringeren Produktentwicklungszeiten. Es war völlig neu und man nannte es schlanke Produktion (Lean Production). Völlig neu? Nein, es ist das bereits oberhalb beschriebene Toyota Produktionssystem.

Warum hat es so lange gedauert, bis man es wahrgenommen hat? Nun, der dröhnende Sound des Mainstreams hat alles übertönt. Haben wir heute nicht die gleiche Situation? Und so dürfen die 80er Jahre ohne Übertreibung als das verlorene Jahrzehnt des Produktionsmanagements in Deutschland bezeichnet werden. Die Rezepte von Ford funktionierten zwar nicht mehr – man hat aber unverdrossen an die heilende Kraft des Halbleiters geglaubt. Dies war die Überzeugung, mit den Mitteln des Computers reanimieren zu können. Außerdem glaubte man, in einem Kostenwettbewerb zu sein. Natürlich sind Kosten wichtig, hinzu kamen aber Qualität und Schnelligkeit. Und da ist der Computer – ob vernetzt oder nicht – nur Verwalter des Mangels. Diejenigen, die versucht haben, mittels Automation und PPS aus einer schlechten Organisation eine Gute zu machen, hatten am Ende weiterhin eine schlechte Organisation und höhere Kosten.

Final wurden industrielle Revolutionen in der allgemeinen Wahrnehmung ausschließlich auf Technologie reduziert. Das ist falsch. Neben den drei technischen gibt es zwei geistige Revolutionen. Nach Zählung von Womack, Jones und Roos sind es die von Ford und Toyota – wir folgen dieser Zählung.

Schlussendlich konnten die Erwartungen an die Digitalisierung (Dritte Industrielle Revolution nach klassischer Zählung) nicht erfüllt werden. Man geht heute durch die Fabriken und stellt fest, dass die Digitalisierung nicht umgesetzt ist. Auf Nachfrage heißt es dann: „Ja, wir haben da noch etwas Nachholbedarf…". CIM war ein teures Desaster und nach wie vor ist das Toyota Produktionssystem im Käufermarkt überlegen. In einem nunmehr fast 30 Jahre andauernden Prozess der Autosuggestion redet man sich derweilen beharrlich Gründe ein, warum CIM scheiterte.

So erklärt uns der Leiter der Fernwartung einer Maschinenfabrik in seinem Urteil über das Scheitern von CIM, dass damals die Zeit einfach noch nicht reif war und die nötige Technik nicht vorhanden. Das sei heute anders.[58] Sie sagen, das Scheitern von CIM sei eine Sache der Rechnerleistung – und diese sei heute ja besser? Nein, es war eine Sache des Denkansatzes – und der ist heute nicht anders!

58 Vgl. Kippels, D.: Daten aus der Produktion stärken Industrie 4.0, in: VDI Nachrichten, 2014, Nr. 43, S. 14.

2 Industrie 4.0: Eine starke Marke ist geboren!

Aber jetzt wird alles besser – denn jetzt kommt Industrie 4.0…

Früher oder später musste es ja so weit kommen. Das Internet der Dinge hält Einzug in die Fabriken. Das eigentlich Überraschende hieran ist, dass es damit so lange gedauert hat.

Diese Revolution lässt sich exakt terminieren und auch lokalisieren. Sie begann im April 2011 auf der Hannover Messe – und wurde also auch rechtzeitig angekündigt. Wie praktisch! Industrie 4.0 – die erste Revolution, die nicht im Rückblick als solche geadelt, sondern bereits im Vorfeld schon als solche bezeichnet wird. Allein das ist revolutionär. Welche Anmaßung ist damit bereits in ihrem Namen enthalten, behauptet sie doch selbstbewusst, sich nahtlos in Geschichtsbücher einreihen zu dürfen. Seit mehr als fünf Jahren warten wir gespannt auf ihre Verdienste, welche dies rechtfertigen würden.

Warum aber „4.0"? Nun, Industrie 4.0 sieht sich in der Tradition der drei vorangegangenen technischen Revolutionen – verfolgt also ebenfalls den ausschließlich technischen Ansatz. Der wird an „.0" deutlich und markiert einen Versionsstand. Es hat also etwas mit IT zu tun. Daran gibt es nicht das Geringste auszusetzen. Sorge bereitet nur, was aus diesem Ansatz gemacht wird. Lassen Sie uns mit einer kleinen Zeitreise beginnen.

Unter der damaligen Bundesministerin für Bildung und Forschung, Frau Annette Schavan, ließ man stolz verkünden: „Wir zünden Ideen (…) besonders für die kleinen und mittleren Unternehmen (KMU), die in Deutschland die meisten Jobs schaffen und oftmals sehr kreativ sind, sollen die Rahmenbedingungen verbessert werden". Final wollte man Deutschland bis zum Jahr 2020 zur forschungsfreudigsten Nation der Welt machen.[59] Über alle Ressorts hinweg wollte man das große Ganze betrachten und durch die Förderung von 17 Hightech-Sektoren zum

59 Vgl. Bundesministerium für Bildung und Forschung (Hrsg.): Die Hightech-Strategie für Deutschland, 2006, S. 2 f., http://www.bmbf.de/pubRD/bmbf_hts_lang.pdf, Zugriff am 02.09.2015.

Erfolg führen. Insbesondere die Forschungs- und Entwicklungsaktivitäten der KMU am Standort Deutschland galt es auszubauen. All dies geschah unter dem Slogan „Die Hightech-Strategie für Deutschland".

Insgesamt stand für die Jahre 2006 bis 2009 ein Fördergeldvolumen von 14,6 Milliarden Euro zur Disposition. Um möglicherweise aufgebrachte Steuerzahler bei solch großen Zahlenwerten zu beruhigen, versicherte man, den Umsetzungsprozess der Hightech-Strategie regelmäßig auf den Prüfstand zu stellen. Konkrete Querschnittsmaßnahmen sowie Empfehlungen für eine Umsetzung sollten dabei von der durch Frau Schavan ins Leben gerufenen „Forschungsunion Wirtschaft – Wissenschaft" erarbeitet werden.[60]

Bei ihr handelte es sich um das zentrale innovationspolitische Beratungsgremium, bestehend aus 28 Vertretern der Wirtschaft und Wissenschaft, tätig im Zeitraum von 2006 bis 2013. Inmitten dieser Hightech-Strategie für Deutschland sprach man im Rahmen des Forschungsförderungsprogramm IKT 2020[61] über Technologien, die wir künftig im Industrie 4.0-Kontext wiederfinden, wie z.B. Embedded Systems oder aber das Internet der Dinge.[62] Interessanterweise bedachte man diese Technologien damit, die Wettbewerbsfähigkeit des Produktions- und Arbeitsstandortes – u.a. des Maschinen- und Anlagenbaus – der Automobilindustrie und der Telekommunikation in Deutschland zu steigern.[63]

Viereinhalb Jahre später, auf der Hannover Messe im April 2011, war es endlich so weit. Die Promotoren Prof. Dr. rer. nat. Dr.-Ing. E.h. Henning Kagermann und Prof. Dr. rer. nat. Dr. h.c. mult. Wolfgang Wahlster der Forschungsunion Wirtschaft – Wissenschaft lieferten. Dabei waren sie nicht allein. Mit am Tisch saß Prof. Dr. Wolf-Dieter Lukas.

Industrie 4.0 sollte der Name für den Zustand sein, der sich nach der erfolgreichen Umsetzung dieser regierungsamtlich ausgerufenen Re-

60 Vgl. BMBF, Die Hightech-Strategie für Deutschland, a.a.O., S. 103 f.
61 IKT: Informations- und Kommunikationstechnologien.
62 Vgl. BMBF, Die Hightech-Strategie für Deutschland, a.a.O., S. 57 f.
63 Vgl. BMBF, Die Hightech-Strategie für Deutschland, a.a.O., S. 54.

volution etabliert haben wird.[64] Auf besagter Hannover Messe verkündeten sie die Vision, mit dem Internet der Dinge zu eben dieser Vierten Industriellen Revolution zu gelangen. Einhergehen sollte dies mit einem Paradigmenwechsel, bei dem das Produkt erstmals eine aktive Rolle übernimmt und sagt, wie es in den einzelnen Fertigungsschritten bearbeitet werden muss.[65]

Rückblickend aus dem Jahr 2016 betrachtet, gab es seit dieser Bekanntmachung kaum eine Podiumsdiskussion oder Fachkonferenz im industriellen Umfeld, die es sich erlaubt hat oder erlauben konnte, dieses Thema auf ihrer Agenda zu ignorieren. Auch wenn für inhaltliche Aspekte wenig bis keine konsistenten Antworten vorliegen, hinderte dies die unterschiedlichsten Akteure nicht daran, die Aufmerksamkeit der Medien zu nutzen, um ihre Partikularinteressen zu platzieren. In Folge resultieren aus der Suche nach dem Begriff Industrie 4.0 bei einer Onlinesuchmaschine aktuell über 29 Millionen Suchergebnisse sowie mehr als 30 Definitionen, was man unter Industrie 4.0 – der Vierten Industriellen Revolution – versteht, verstehen kann oder verstehen möchte.[66]

Zur Orientierung möchten wir Auszüge einer Definition von Industrie 4.0 anführen, die durch den Autor Prof. Dr. Oliver Bendel im Gabler Wirtschaftslexikon veröffentlicht wurden: Demnach ist Industrie 4.0 ein Marketingbegriff und steht für ein Zukunftsprojekt der deutschen Bundesregierung. Dabei zeichnet sie sich durch Individualisierung bzw. Hybridisierung der Produkte, durch Kopplung von Produktion und Dienstleistung und die Integration von Kunden und Geschäftspartnern in Geschäfts- und Wertschöpfungsprozessen aus. Wesentliche Bestandteile sind (teil-)autonome Maschinen, die sich ohne menschliche Steuerung in und durch Umgebungen bewegen und selbstständig Entscheidungen treffen. Die Vernetzung der Technologien und mit Chips versehenen Gegenstände resultiert in hochkomplexen Strukturen und cyber-physischen Systemen (CPS) bzw. im Internet der Dinge.[67]

64 Vgl. Winterhagen, J.: Automatisiert zur Losgröße, in: AMPERE, 2013, Nr. 1, S. 15 f.

65 Vgl. Russ, H.-G.: Industrie 4.0: Mit dem Internet der Dinge auf dem Weg zur 4. Industriellen Revolution, in: VDI Nachrichten, 2011, Nr. 13, S. 2.

66 Vgl. Giersberg, G.: Industrie 4.0 für Kaufleute und Juristen, in: FAZ, 2014, Nr. 88, S. 16.

67 Vgl. Gabler Wirtschaftslexikon, Stichwort: Industrie 4.0, online im Internet,

Gemein haben alle Ansätze, dass sog. Enabler – wie wir einst Konrad Zuses Computer bezeichneten – Industrie 4.0 zum Erfolg verhelfen sollen. Entsprechend des Ursprungs der betrachteten Industrie 4.0-Definition ist die Gewichtung, die einzelnen Befähigern zugesprochen wird, unterschiedlich. Versuchen sich Consulter an einer Hierarchisierung, so lautet das Resultat: „Das Internet der Dinge ist der umwälzendste Trend in der Industrie, (...) welchem eine größere Bedeutung als dem Cloud-Computing zugemessen wird. Es ist zehnmal wichtiger als 3D-Printing (...)."[68]

Handelt es sich jedoch um einen Anbieter für Analytics (analytische Auswertungsmethoden, wie Big Data), wird der Schwerpunkt wie folgt gelegt: Wer nicht in Big Data investiert [sic!] gerät ins Hintertreffen, und wird im direkten Vergleich klare Wettbewerbsnachteile haben.[69] In den seltensten Fällen rücken Publikationen in Gänze von einem technologiegetriebenen Ansatz ab. Diese wiederum sind der Auffassung, dass Industrie 4.0 kein technisches Thema ist, sondern eine Vision und Initiative, um Produktionsarbeitsplätze zu wettbewerbsfähigen Preisen in Deutschland zu behalten und neu anzusiedeln.[70] Von wenigen Ausnahmen abgesehen, stellen technologische Ansätze den überwiegenden Schwerpunkt von Industrie 4.0-Diskussionen dar.

In Kürze kann man es wie folgt zusammenfassen: Industrie 4.0 beabsichtigt, die deutsche Industrie in die Lage zu versetzen, für die Zukunft der Industrieproduktion gerüstet zu sein. Diese Zukunft soll gekennzeichnet sein durch:

- Eine starke Individualisierung der Produkte unter den Bedingungen einer hoch flexibilisierten (Großserien-)Produktion
- Eine weitgehende Integration von Kunden und Geschäftspartnern in Geschäfts- und Wertschöpfungsprozesse sowie
- Eine Kopplung von Produktion und hochwertigen Dienstleistungen

http://wirtschaftslexikon.gabler.de/Archiv/-2080945382/industrie-4-0-v1.html, Zugriff am 29.03.2016.

68 Vgl. Knüpffer, G.: Deutsche denken nur an Fabrik, in: Produktion, 2014, Nr. 27, S. 9.

69 Vgl. Weiss H.: Big Data: „Wer nicht investiert, gerät ins Hintertreffen", in: VDI Nachrichten, 2013, Nr. 44, S. 14.

70 Vgl. Hammerschmidt, Ch.: a.a.O., S. 13.

„4.0" im Begriff soll darauf hindeuten, dass die Industrie nach der Mechanisierung, der Elektrifizierung und der Informatisierung an der Schwelle zu einer Vierten Industriellen Revolution steht.[71] Es ist sozusagen die Vorhersage eines industriellen Umbruchs – vergleichbar mit der Erfindung der Dampfmaschine oder gar einer der bereits beschriebenen, geistigen Revolutionen. Ein gewagter Anspruch...

Zudem verwirrt die Vielzahl an Begriffen derzeit das Publikum: Industrie 4.0, cyber-physische Systeme, Smart Factory, Cloud und andere. Diesen Inhalten möchten wir uns nun widmen und den Versuch unternehmen, für die notwendige Klarheit zu sorgen. Lassen Sie uns dazu einen Blick in die Smart Factory werfen.

Der Begriff **Smart Factory** zielt auf den Ort des Geschehens ab. Smart, auf Deutsch *schlau* oder *clever*, soll die Fabrik der Zukunft aus technischen Systemen bestehen, welche sich in einer vom Menschen losgelösten Autonomie organisieren und an veränderte Bedingungen anpassen können. Zu diesem Zweck sind die Anlagen und Maschinen untereinander vernetzt – selbst über die Unternehmensgrenzen hinweg. Ebenfalls „schlauer" werden die Werkstücke in dieser neuen Produktionsumgebung. Sie sollen sich künftig – mit allen notwendigen Informationen ausgestattet – einen eigenständigen und optimierten Weg durch den Produktionsprozess bahnen.

Die notwendigen Informationen soll das spätere Produkt dabei z.B. mithilfe eines **RFID-Chips** tragen (Radio Frequency Identification). Identifizieren und lokalisieren lässt sich das Werkstück mithilfe elektromagnetischer Wellen. Verfügbar sind RFID-Chips in den unterschiedlichsten Ausführungen. So z.B. auch in modernen Ausweisdokumenten, wie dem Personalausweis in Kartenformat. Hält man diesen unmittelbar vor eine helle Lichtquelle, kann man unterhalb der oben rechts aufgedruckten Nummer einen solchen Chip im Inneren sehen. Neben einer Unterscheidung, ob RFID-Chips über eine eigene Energieversorgung verfügen oder auf Induktion angewiesen sind, ist wissens-

71 BMBF: Zukunftsprojekt Industrie 4.0, https://www.bmbf.de/de/zukunftsprojekt-industrie-4-0-848.html, Zugriff am 15.10.2015.

wert, dass sich Daten auf diese Weise nicht nur vom Chip abrufen, sondern, je nach Variante, auch darauf speichern lassen. Bspw. nach einem erfolgten Fertigungsschritt im Produktionsprozess. Damit nicht genug. Das Werkstück der Zukunft verfügt weiterhin über einen **digitalen Zwilling**, in dem sämtliche Produkt- und Produktionsdaten hinterlegt sind und auch kontinuierlich mitwachsen. Es „weiß" also, was aus ihm werden soll und kann die hierfür benötigten Kapazitäten eigenständig anfordern. Ganz ohne zentrales Steuerungssystem, wie bei CIM. Und das ist neu.

Neben dem Produkt, was künftig genauestens über sich Bescheid weiß: Wie werden die Maschinen, Werkzeuge und die anderen Dinge um uns herum „intelligent"? Durch **Embedded Systems.** Embedded – also eingebettet – werden Prozessoren in Form von Kleinstcomputern, denen durch eine Firmware ihre künftige Aufgabe mit auf den Weg gegeben wird. So überwachen, regeln und steuern sich die Dinge um uns herum eigenständig und meist unauffällig – mit einer integrierten Computerintelligenz. Folgt man den variierenden Zahlenwerten, sind zwischen 90-98 Prozent der heutigen Prozessoren auf der Welt nicht mehr im heimischen PC anzutreffen, sondern dezentral in den Dingen, die uns umgeben.

Adieu Einsamkeit. Hallo **cyber-physisches System**! Unsere Embedded Systems, die über die physische Welt um sie herum bestens Bescheid wissen, lernen einander kennen. Vernetzt teilen sich diese nun auch in der virtuellen (Cyber-)Welt mit und erlangen die Fähigkeit, sich an veränderte Bedingungen anzupassen.

Mit Self-X-Eigenschaften ausgestattet, wie z.B. Self-Healing, Self-Optimization, Self-Protection etc., ist es ihnen möglich, ihre Umgebung durch eine Sensor-Aktor-Interaktion koordiniert zu beeinflussen.

Haben mehrere cyber-physische Systeme eine gemeinsame Produktionsaufgabe, entsteht ein **cyber-physisches Produktionssystem** (CPPS). Sie fokussieren sich nun gemeinsam auf das entstehende Produkt, die eingesetzten Produktionsmittel und das Produktionssystem unter Berücksichtigung geänderter oder sich ändernder Prozesse. Dazu nutzen sie überwiegend eine Technologie, der wir Menschen uns schon mehr als zwei Jahrzehnte für den Informationsaustausch bedienen: das Internet. Eine große Herausforderung besteht dabei in der **Connectivity** – der Kommunikation und Verbindung auf Basis unterschiedlichster Standards. Während die eine Maschine ihren Maschinenstatus und die Prozesswerte drahtlos per WiFi übermittelt, sendet eine andere Maschine die Daten über eine konventionelle Kabelverbindung, sowie zeitgleich per Bluetooth an das Tablet des Produktionsleiters und das kommunizierende Werkstück bedient sich der RFID-Technologie. Um diesen unterschiedlichsten Facetten und Anforderungen der Kommunikation gerecht zu werden, existieren bereits vielfältige Ansätze, die sowohl die Echtzeitfähigkeit wie auch die Datensicherheit – insbesondere bei Drahtlosverbindungen – berücksichtigen. Wohlwissend, dass es den einen Industrie 4.0-Standard nicht gibt. Darüber werden wir im weiteren Verlauf noch sprechen.

Die Idee vom **Internet der Dinge** oder auf Englisch Internet of Things (IoT) basiert auf der Vorstellung, dass künftig alle Produkte und Gegenstände mit einem virtuellen Abbild im Internet vertreten sind. Neben uns Menschen erlangen Geräte, Maschinen oder Anlagen, wie bspw. Haushaltsgeräte oder aber eine Werkzeugmaschine, in unserer smarten Fabrik die Möglichkeit, mithilfe von Internet-Technologie miteinander zu kommunizieren und auch online ansprechbar zu sein. Auf diese Weise lassen sich spezifische Daten dieser „Dinge" ermitteln bzw. zurückspielen. Um jedem Teilnehmer eine eindeutige Adresse zuordnen zu können, ist die Umstellung auf ein neues Internetprotokoll – IPv6 – notwendig und in der Umsetzung. Dieses ermöglicht die Vergabe von rechnerisch 340 Sextillionen Adressen. Wenn Sie an die Zahl 340 weitere 36 Nullen anfügen, erlangen Sie einen Eindruck dafür, wie viele Teilnehmer das Internet von morgen haben könnte. Mehr Teilnehmer = Mehr Daten. Was bedeutet diese Gleichung für unser Fertigungsumfeld?

Vom Herstellungsprozess sowie der gesamten Smart Factory wird ein **digitaler Schatten** erzeugt, der in Echtzeit transparent gemacht wird. Maschinen und Dinge wurden – wie zuvor erwähnt – aus einer Ich-Perspektive befähigt, ihre physische Welt auch virtuell und in Echtzeit abzubilden sowie untereinander zweckorientiert zu kommunizieren und sich zu flüchtigen cyber-physischen Produktionssystemen zu formieren. Digitale Schatten entstehen dabei durch die permanente Protokollierung von Prozessdaten, also Maschinenzuständen oder Aufenthaltsorten von Material, auch von Menschen. Diese digitalen Schatten – sprich Daten – können mittels leistungsfähiger Algorithmen analysiert werden. Auch lassen sich Schwachstellen im Prozess erkennen, ebenso wie sich Verhaltensmuster von Menschen und Maschinen erstellen lassen. Big Data und Smart Data machen es möglich.

Unter **Big Data** versteht man zunächst die unspezifische Suche nach Mustern und Zusammenhängen innerhalb aller erfassbaren, jedoch unstrukturierten Daten mithilfe statistischer Analyseverfahren durch den Computer. Die so ausgewertete Datenmasse stellt Verknüpfungen zwischen Daten her, die sich dem Menschen nicht erschlossen hätten. Sei es bedingt durch die schiere Fülle an Daten oder den Umstand, dass ein Zusammenhang nie vermutet worden wäre, da er nicht der menschlichen Logik entspricht. **Smart Data** bedient sich hingegen einem Blick durch die Lupenbrille. Fokussiert und mit dem technischen Verständnis für den betrachteten Produktionsprozess sollen sich Optimierungspotenziale – smart – schlau offenbaren. Nicht die Quantität aller greifbaren Daten steht im Mittelpunkt, sondern ein vertieftes Verständnis für die „richtigen" Daten und die individuellen Anforderungen aus Anwendersicht.

Die Vielzahl von Daten und Anwendungen in der smarten Fabrik finden sich in **Clouds** wieder. Bei ihnen handelt es sich um virtualisierte IT-Ressourcen. Virtualisiert meint, dass der Speicherplatz, die Rechnerkapazität oder ganze Anwendungen und Dienste nicht mehr physisch im Serverraum des eigenen Unternehmens vorliegen. Dienstleister verwalten diese Clouds – z. Dt. Wolken – auf die der Anwender zumeist über das Internet zugreift. Cloud-basierte Lösungen haben den Vorteil, dass nach einem Pay-per-use-Prinzip nur das in Rechnung gestellt wird, was der Anwender in Anspruch genommen hat.

Fassen wir alle Punkte zusammen, gelangen wir mit Industrie 4.0 und der Smart Factory zu einem vernetzten und echtzeitoptimierten Wertschöpfungsnetzwerk, das zwei Vernetzungsrichtungen kennt. Begonnen in der eigenen Fabrikhalle, erkennen wir die **vertikale Integration**. Die Teilnehmer in unserem cyber-physischen Produktionssystem weisen dabei eine durchgängige Vernetzung hinab bis auf Sensorebene auf. Ebenso sind diese in ihrer Anordnung nicht an einen festen Ort gebunden. In einem räumlich-flüchtigen Verbund sind sie in der Lage, sich neu zu konfigurieren und ihre Tätigkeit an veränderte Gegebenheiten im Produktentstehungsprozess anzupassen.[72] Im eignen Unternehmen und darüber hinweg findet eine **horizontale Integration** statt. Ebenfalls auf Basis der cyber-physischen Produktionssysteme werden alle Funktionsbereiche der Akteure im Wertschöpfungsnetzwerk miteinander verbunden. Dies erzeugt eine sehr hohe Transparenz und die Möglichkeit, Ressourcen – wie bspw. die Maschinenauslastung oder eine besondere logistische Leistung – äußerst dynamisch und auch im Sinne des Kundenwunsches anzupassen.[73]

Final erhält auch der Mensch hautnah technologische Unterstützung durch die Virtual Reality oder Augmented Reality. **Virtual Reality** – die virtuelle Realität – ist eine Technologie aus den 1990er-Jahren, die uns auch bei Industrie 4.0 begegnet. Ersetzt wird dabei die eigentliche Realität durch das Aufsetzen einer Datenbrille oder gar innerhalb eines ganzen Raumes, ausgestattet mit Laserprojektoren. Dies ermöglicht bspw. die virtuelle Montage von Bauteilen per Gestensteuerung noch bevor diese physisch vorhanden sind. **Augmented Reality** hingegen erweitert computergestützt die Realität und ersetzt diese nicht. So lassen sich beliebige Zusatzinformationen zu einem Objekt virtuell und

72 Vgl. Promotorengruppe Kommunikation der Forschungsunion Wirtschaft –Wissenschaft: Umsetzungsempfehlungen für das Zukunftsprojekt Industrie 4.0, 2012, S. 25 f., http://www.forschungsunion.de/pdf/industrie_4_0_umsetzungsempfehlungen.pdf, Zugriff am 24.03.2015.

73 Vgl. Promotorengruppe Kommunikation der Forschungsunion Wirtschaft –Wissenschaft: Umsetzungsempfehlungen für das Zukunftsprojekt Industrie 4.0, 2012, S. 16, a.a.O.

für den Mitarbeiter in einer transparenten Datenbrille sichtbar hinzufügen. Individualdaten zu einem Werkstück oder aber die im Blickfeld eingefärbte Stelle, wo eine Sicherung bei geöffnetem Schaltschrank auszutauschen ist. Die Anwendungsgebiete sind nahezu unbegrenzt. Stark vereinfacht gesprochen ist Industrie 4.0 die webbasierte Vernetzung von technischen Objekten in der Fabrik und über ihren Produktlebenszyklus hinweg. Das sog. Internet der Dinge macht es möglich, dass die Maschine mit dem Werkstück kommuniziert, das dispositive Entscheidungen trifft.

Das alles ist ohne Zweifel beeindruckend. Industrie 4.0 sieht sich in der Tradition der technischen Veränderungen. Sie ist aber ein Enabler, wie Dampf, Elektrizität oder der Computer, und keine Philosophie – und darüber wird noch zu reden sein.

Auf jeden Fall ist der Begriff „Industrie 4.0" zu einer starken Marke geworden, aber auch zu einer Projektionsfläche für manch unausgegorene Idee. Auch das werden wir noch sehen. Die Strahlkraft dieses Begriffes ist so groß geworden, dass auch Bereiche außerhalb der Produktion ausgeleuchtet werden.

Logistik 4.0 sowie Controlling 4.0 sind noch recht produktionsnah, da es sich auch um Menschen dreht, sind die Slogans Arbeit 4.0, HR 4.0, Bildung 4.0 und Führung 4.0 nicht überraschend. Irritierend in diesem Zusammenhang ist Kontrolle 4.0. Dies hat aber keinen nachrichtendienstlichen Hintergrund, sondern beschreibt Elemente der Führung von morgen. Bemerkenswert ist auch Folgendes: Der Vorstand eines Handelsunternehmens bietet seinen Mitarbeitern das „Du" an und definiert dies als eine Art verbalen Startschuss für das Projekt Kulturwandel 4.0. Die Frage, was aus den Kulturwandeln 1 bis 3 geworden ist, drängt sich zwar förmlich auf, kann an dieser Stelle jedoch nicht diskutiert werden. Und da man ahnt, dass es für den Mitarbeiter in der Fabrik 4.0 nicht unbedingt einfacher wird, hat die Bundesregierung ein Forschungsprojekt aufgesetzt: Vorsorge 4.0.

Wirtschaft 4.0 und Marketing 4.0 existieren ebenso wie Entwicklung 4.0. Vorsicht: Letzterer Begriff ist markenrechtlich bereits geschützt. Utility 4.0 beschreibt die Transformation vom Versorgungs- zum digitalen Energiedienstleistungsunternehmen, Planen und Bauen 4.0 den Wandel in der Bauwirtschaft – weitere Beispiele werden sicher folgen.

Der Begriff „4.0" ist mittlerweile das Synonym für aufregend Neues und den Fortschritt im Allgemeinen. Das Spektrum ist sehr groß. Nur vom „gesunden Menschenverstand 4.0" hat man noch nichts gehört. Dabei täte dieser doch so gut...

3 Die Last der (falschen und widersprüchlichen) Erwartungen

Ja, da gibt es einiges zu besprechen, denn der deutsche Ansatz führt zu keinem guten Resultat. Er betreibt Nabelschau, ignoriert die Risiken und nimmt sich die falschen Dinge vor. Geht es noch schlimmer? Auf jeden Fall: Denn Industrie 4.0 wird mit vielen Versprechungen aufgeladen, die viele Protagonisten machen. Nicht nur, dass diese – wie nachfolgend gezeigt – übertrieben sind, sie widersprechen sich auch, sodass der Begriff in eine Glaubwürdigkeitslücke fällt.

Um es vorweg deutlich zu sagen: Es geht nicht um Digitalisierung. Diese läuft schon seit 70 Jahren – manchmal gut – manchmal nicht ganz so gut, wie wir gesehen haben. Es geht um die webbasierte Verknüpfung technischer Systeme. Was wie eine akademische Spitzfindigkeit daherkommen mag ist für das Verständnis aber sehr wichtig.

Denn vieles von dem, was uns angeboten wird, ist nichts anderes als die klassische Verknüpfung von digitalisierten Systemen auf dem Shopfloor. Automation: Kommunikation zwischen technischen Systemen auf dem Shopfloor ist nichts anderes als CIM. CIM 2.0! Wenn von Digitalisierung der Fabrik gesprochen wird, dann werden Lösungen wie eine MES[74]-PPS-Kopplung als Industrie 4.0 hochgehalten. Dann ist der Arbeitstisch, der mittels Bluetooth den sich nähernden Mitarbeiter identifiziert und sich ihm anpasst, ein Beispiel für Industrie 4.0. Ohne Zweifel: Das sind alles interessante und sinnvolle Lösungen, die aber mit besagter webbasierter Verknüpfung technischer Systeme nichts zu tun haben.

Lassen Sie uns einen Blick auf die Heilsversprechen werfen, die mittlerweile schwindelerregende Höhen erreicht haben:

74 Manufacturing Execution System, z. Dt. Produktionsleitsystem.

- ***Industrie 4.0 macht die Produktion demokratisch:***

So skizzieren Agenturen für Wissenstransfer und Innovationskultur Szenarien, die eben dies aufzeigen. Unter der Überschrift „Industrie 4.0: Auf dem Weg zum demokratischen Unternehmen mit Innovationskultur" zeigt man dabei auf, dass – und dieser Punkt ist nicht neu – ein wesentlicher Faktor bei allen Bemühungen gelebter Innovationskultur und gleichnamigem Management in den Potenzialen der Mitarbeiter liegt, die es zu fördern und unterstützen gilt. Neu hingegen ist die Illusion, dass die bis dato gegebenen Arbeitsanweisungen seitens der Führungskräfte durch Industrie 4.0 ersatzlos wegfallen und wir einer partizipativen – gar demokratischen – Neuordnung mit flachen Hierarchien und ungeahnten Gestaltungsspielräumen gegenüberstehen.[75]

- ***Industrie 4.0 steigert die Produktivität:***

Man gibt sich geschlossen und selbstbewusst: „Unter den beteiligten Industrie- und Wissenschaftspartnern ist man sich einig, dass eine Steigerung der Produktivität um bis zu 30 Prozent möglich wird."[76]

- ***Industrie 4.0 beugt dem Fachkräftemangel vor:***

Die Annahme: Das Internet der Dienste und Dinge, faktisch die Vernetzung intelligenter Maschinen, kann den Fachkräftemangel teilweise entschärfen. Nicht zuletzt, weil eine Produktion mit Industrie 4.0 weniger Menschen benötigt.[77]

- ***Industrie 4.0 schafft – und sichert – Arbeitsplätze:***

Eine Podiumsdiskussion auf der Messe SPS/IPC/Drives in Nürnberg rundet auch diesen Punkt ab. Während wir gerade hörten, dass Vernetzung wesentlichen Einfluss auf den Fachkräftemangel haben soll, hören wir

75 Vgl. Föhr, T.: Industrie 4.0: Auf dem Weg zum demokratischen Unternehmen mit Innovationskultur, https://tanjafoehr.com/2015/02/26/industrie-4-0-auf-dem-weg-zum-demokratischen-unternehmen-mit-innovationskultur/, Zugriff am 26.04.2016.

76 Schlott, S.: Selbst ist die Fabrik, in: AMPERE, 1. Jg., 2013, Nr. 1, S. 22.

77 Vgl. Ilg, P.: „Weil wir eine Revolution auf Ansage machen, hinkt die Ausbildung nach", in: VDI Nachrichten, 2014, Nr. 5, S. 2.

nun, dass Industrie 4.0 doch kein technisches Thema ist. Vielmehr ist sie eine Vision und Initiative, Produktionsarbeitsplätze zu wettbewerbsfähigen Preisen in Deutschland zu behalten und neu anzusiedeln.[78] Und dies, wo wir doch gerade gehört haben, dass Industrie 4.0 mit weniger Menschen auskommt.

- ***Industrie 4.0 macht den Menschen zum Dirigenten der Wertschöpfungskette:***

Der Mitarbeiter, der künftig nicht mehr kontinuierlich in den Fertigungsprozess eingreifen muss, kann sich auf anspruchsvollere und interessantere Arbeitsinhalte freuen. Er wird befördert, und zwar zum Dirigenten der Wertschöpfungskette.[79]

- ***Industrie 4.0 folgt auf Lean:***

Industrielle Revolution als Resultat ausgeschöpfter Potenziale von Technologien und spürbar verlangsamtem Produktivitätszuwachs. „Dies ist bei der klassischen heute üblichen Automatisierung gepaart mit Lean-Production-Konzepten zu beobachten (...)."[80]

- ***Industrie 4.0 ermöglicht Stückzahl 1:***

Automatisierer erklären uns, dass es sich bei Industrie 4.0 um einen Innovationsprozess handelt, der kundenspezifische Produktion in Losgröße 1 auch bei hohen Stückzahlen ermöglicht.[81]

Haben Sie etwa jahrelang SMED-Workshops durchgeführt? Rüstdrehbücher geschrieben, Schnellspannvorrichtungen installiert, Mitarbeiter geschult? Das hätten Sie sich alles sparen können. Einfach die Systeme vernetzen – und schon ist sie da: die Losgröße 1. Sie halten

78 Vgl. Hammerschmidt, Ch.: Auf dem Weg zur Industrie 4.0 nehmen Herausforderungen Gestalt an, in: VDI Nachrichten, 2013, Nr. 49, S. 13.

79 Vgl. Ilg, P.: „Weil wir eine Revolution auf Ansage machen, hinkt die Ausbildung nach", in: a.a.O.

80 Vgl. Emmrich, V. et al.: Geschäftsmodell-Innovation durch Industrie 4.0, 2015, S. 13, http://www.wieselhuber.de/lib/public/modules/attachments/files/Geschaeftsmodell_Industrie40-Studie_Wieselhuber.pdf, Zugriff am 15.02.2016.

81 Vgl. Knoll, A.: Durchgängigkeit ist der entscheidende Faktor, http://www.elektroniknet.de/automation/m2m/artikel/103989/, Zugriff am 15.02.2016.

das für Unsinn? Wir auch! Aber das möchte man uns allzu gerne verkaufen.

Das alles kann Industrie 4.0 nicht leisten und deswegen wird es Enttäuschung geben. Die Drückerkolonnen haben den Bogen überspannt. Dennoch soll Industrie 4.0 so etwas wie ein Breitbandmedikament sein: also für alles gut. Aber auch gut für alle? Nein, denn selbst daran ist man gescheitert. Der unglücklich gewählte Begriff beschränkt das Thema auf die Fabrik und grenzt den Markt damit konsequent aus. Nicht einmal Produktentwicklung und Marketing fühlen sich so angesprochen.

Es wird Zeit für einen Blick auf den Beipackzettel.

3.1 Von der Illusion, dass Algorithmen Fabriken steuern können

Algorithmen sind – plastischer ausgedrückt – lösungsorientierte Verarbeitungsvorschriften, die eine bestimmte Aufgabe oder ein Problem lösen sollen. Noch lange bevor wir Konrad Zuses Zaubermaschine mit dem Namen „Computer" derartige Aufgabenfolgen der Produktion fein säuberlich in einen für ihn lesbaren Quellcode gegossen haben, arbeitete der Mensch diese ab – und macht dies nach wie vor täglich.

Dabei macht er sich – als kognitiv limitiertes Mangelwesen mit einem Hang zur Bequemlichkeit – bei diesem Unterfangen gerne das Sprichwort „viele Wege führen nach Rom" zu eigen. Sprechen wir von Montage- oder Produktionsschritten, nutzt er gerne Freiräume in der Bewältigung seiner Problemlösungsaufgabe aus und erzielt dennoch regelmäßig brauchbare Ergebnisse. Wir Menschen sind von Natur aus *effektiv*, was lediglich aussagt, ob unser Handeln zum definierten Zielzustand führt. Was wir hingegen von Natur aus nicht sind, ist *effizient* – zumindest nicht in seiner Reinform. Freiheitsgrade bei der Bewältigung einer wie auch immer gearteten Tätigkeit bieten dem Mitarbeiter dabei die Möglichkeit, vom bestmöglichen Verhältnis aus geringstmöglichem Aufwand – welcher effizient wäre – abzuweichen. Zum einen, weil es seine Entscheidung ist, zum anderen, weil seine Physis dies erfordert. Mitarbeiter machen Pause, haben Urlaub, bauen Überstunden ab, fallen krankheitsbedingt aus, müssen essen, trinken, sanitäre Anlagen aufsuchen und üben so einen großen Einfluss auf den ressourceneffizienten Umgang mit Produktionsfaktoren aus. Nicht zuletzt mit Hinblick auf ihre eigene Arbeitsleistung. Wir nennen das auch „Produktivität".

Man hat sich überaus findig gezeigt, den Menschen in seiner Natur an die output- und effizienzgetriebene Produktionsumgebung gewinnbringend zu adaptieren. Ob Akkordlohn oder schlichtweg das Beschneiden seiner benannten Freiheitsgrade im Arbeitsablauf durch die feste Vorgabe, dass auf „A" – „B" und dann „C" zu folgen hat, und nur in dieser Abfolge, inklusive der wohldefinierten Ergebniskontrolle und Dokumentation. Auch für diese Standardvorgehensweise kennen wir einen Terminus aus dem angelsächsischen Sprachraum, die Standard Operating Procedure, kurz: SOP. Wäre es nicht viel schöner und ertragsreicher, Produktionsaufgaben – ohne die Störgröße menschlicher Befindlichkeiten und zudem deutlich effizienter – einem Computer und seinem verlängerten Arm namens „Roboter" zu übergeben? Einen Betriebsrat haben die beiden übrigens auch nicht. Hier streikt niemand und kommt auch nicht auf die Idee, nach neuen Arbeitsschuhen oder Sonderurlaub zu fragen sowie mit Verbrauchsmaterialen großzügig umzugehen.

Alle Ampeln dafür stehen sachlogisch auf grün: willkommen zurück bei CIM! Wir sprachen bereits über die heilsamen Versprechungen, dass – wenn Kollege Roboter übernimmt – einfach alles besser und effektiver werden müsste. Dem war nicht so, wie wir wissen.

Und nun: Industrie 4.0. Das Resultat, mit weniger Menschen die Produktionsarbeit zu verrichten, ist das Gleiche, der Tenor ein anderer. Industrie 4.0 zielt nicht auf die menschenleere Fabrik ab. Sie wiederholt jedoch einen fundamentalen Denkfehler. Das selbststeuernde Werkstück soll sich eigenständig seinen Weg durch den Produktionsprozess und entlang der gesamten Wertschöpfungskette bahnen. Ausgestattet mit einem digitalen Gedächtnis trifft es dabei dispositive Entscheidungen, kommuniziert mit den Fertigungsmaschinen wie auch den Mitarbeitern und fordert Ressourcen eigenständig an. Kontinuierliche Überwachung und Optimierung findet dabei durch die computergestützte Auswertung gigantischer Datenberge im Hintergrund statt. Dem digitalen Schatten, Big Data und Smart Data sei Dank. Im Ergebnis, so die Vorstellung, soll eine Losgröße-1-Fertigung zu den Kosten einer Massenfertigung realisiert werden.

Bei Henry Ford sahen wir, wie er die Komplexität seines Fertigungsprozesses schlichtweg durch nicht vorhandene Variantenvielfalt eliminierte. Nun, und dem steht industrielle Fertigung schon lange gegenüber, funktioniert ein Aufoktroyieren lediglich einer Farb- oder Ausstattungsvariante auf einem heutigen Käufermarkt nicht mehr.

Was wir haben, ist ein komplexes, chaotisches und soziales System namens Fabrik. Doch worüber sprechen wir eigentlich genau? Dazu möchten wir gerne einer Systematisierung von Dr. Gerhard Wohland folgen, die Prof. Dr. Lars Vollmer in einer Diskussionsrunde sehr anschaulich darstellte. Diese ging der Frage nach, ob wir der Komplexität durch komplizierte Denkweise begegnen sollten oder überhaupt können.

Betreten wir gedanklich ein Produktionsunternehmen, werden wir mit zwei verschiedenen Problemtypen konfrontiert. Diese möchten wir ebenfalls als rote Probleme und blaue Probleme benennen. Blaue Probleme spiegeln die komplizierte Welt wider. Bei ihnen hilft die Frage nach dem „Wie". Wie löse ich das Problem? Wie bediene ich die Maschine? Mit welchem Bohrer bohre ich das Loch?

Rote Probleme hingegen stellen die komplexe Welt dar. Diese sind nur durch Menschen zu lösen, nicht durch Methoden. In solchen Problemsituationen kann nur der richtige Mensch oder die richtige Gruppe von Menschen bei der Problembewältigung helfen. Ein sehr anschauliches Beispiel, das in diesem Zusammenhang benannt wird, ist der Schriftzug auf der Rückseite von Appleprodukten: „Designed in California – Assembled in China". Während in den USA die roten Designprobleme gelöst werden – wozu man genau die richtigen und kreativen Mitarbeiter benötigt – werden die blauen Probleme der Fertigung in China abgewickelt. Nicht verkennen sollten wir dabei, dass eine solch strikte Trennung zunehmend mehr verblasst. Auch in Asien ist man in zunehmendem Maße in der Lage, rote Probleme zu lösen.[82]

Der Kern der Sache ist jedoch, dass die Protagonisten von Industrie 4.0 ihre Dankbarkeit für die Nachhaltigkeit roter Probleme verloren haben. Sie versuchen zwanghaft, eine komplexe Produktionsumgebung in komplizierte aber dafür durch Computeralgorithmen und Sensorik beherrschbare Systeme zu überführen. Der Grund, warum unsere deutsche Wirtschaft nach wie vor von großer Bedeutung im länderübergreifenden Wettbewerb ist, liegt darin begründet, dass wir erstaunlich gut darin sind, mit den richtigen Menschen in unseren Unternehmen innovative Lösungen zu entwickeln. Rote Probleme müssen wir aktuell – und ebenso zukünftig – häufiger denn je bewältigen. Blaue Probleme bewältigen können andere oftmals besser als wir. Glauben Sie nicht? Fragen wir doch nochmal bei ehemaligen Mitarbeitern des Fernsehwerks Graetz nach.

Industrie 4.0 basiert auf dem fundamentalen Denkfehler, man könne ein komplexes, chaotisches und soziales System wie eine Fabrik mit Algorithmen steuern. Das hat noch nie funktioniert und wird auch dieses Mal nicht funktionieren, so ausgeklügelt diese Algorithmen auch sein mögen. Selbst wenn man es könnte: Zu verkennen, dass unsere Kernkompetenz in der Bewältigung roter Probleme liegt, ist naiv. Der Versuch, diese in blaue Probleme zu überführen, ist töricht.

82 Vgl. Pfläging, N. / Vollmer, L. / Seibert, M.: Organisation und Komplexität 6, https://blog.seibert-media.net/blog/2014/11/25/organisation-und-komplexitaet-6-komplexe-probleme-loesen-niels-pflaeging-lars-vollmer-und-martin-seibert-diskutieren/, Zugriff am 28.04.2016.

3.2 Informationen in Echtzeit

Ein neuer Nutzen musste also gefunden werden. Und der heißt: Transparenz.

Nun ist nicht mehr die Rede vom Werkstück, das sich den Weg durch die Werkstatt bahnt, sondern von Informationen. Prof. Dr.-Ing. Thomas Bauernhansl, Leiter des Instituts für Industrielle Fertigung und Fabrikbetrieb (IFF) der Universität Stuttgart und des Fraunhofer-Instituts für Produktionstechnik und Automatisierung IPA in Stuttgart, aufgrund seiner Vita unverdächtig bei CIM eine aktive Rolle eingenommen zu haben, stellt den Unterschied wie folgt dar: Ihm zufolge ging CIM davon aus, dass wir keine Menschen mehr in der Fabrik haben werden. Dabei steuerte ein Leitrechner alles, was hochintegriert war, und wies dem Menschen lediglich eine planerische Tätigkeit und die eines „Commanders" zu. Industrie 4.0 hingegen setze auf neue Themen, nämlich auf Kommunikation statt Integration sowie Datenmanagement in Echtzeit. Dabei kommuniziert aber nicht etwa der Mensch künftig mehr, sondern dezentrale und autonome Systeme, die miteinander den regen Austausch suchen, und das – in gewohnter Industrie 4.0-Manier – hersteller- und systemunabhängig. Dabei steht, folgt man Bauernhansl, der Mensch weiterhin im Mittelpunkt der Fabrik.[83]

Wir möchten – schon an dieser Stelle – bezweifeln, dass Echtzeitfähigkeit und die Kommunikation autonomer Systeme in der Fabrik die ersehnte Antwort auf eine Stärkung – oder gar einen Ausbau – der Wettbewerbsfähigkeit deutscher Unternehmen im Inland sowie international darstellt. Unserer Auffassung nach wird die Zukunft jenen Unternehmen gehören, die es verstehen, ihre Produkte zu einem aus Kundensicht mehrwertgenerierenden Nutzenbündel aufzuwerten. Dabei handelt es sich um datenbasierte Geschäftsmodelle, die es zu verhindern wissen, zum austauschbaren Teilelieferanten im länderübergreifenden Wettbewerb zu werden. Diese Sichtweise – strebt man tatsächlich das Einläuten eines neuen industriellen Zeitalters an – zu

83 Vgl. Fecht, N.: Industrie 4.0: Die schöne neue Produktionswelt, in: Openautomation, 2013, Nr. 4, S. 2 f.

verkennen, führt unweigerlich in eine Sackgasse. Dann jedoch immerhin in Echtzeit, wie wir nun wissen. Aber alles der Reihe nach:

Maschinen und Werkstücke haben – wie erwähnt – einen digitalen Schatten. Prozessdaten können mithilfe von Analytics in Echtzeit ausgewertet werden und Muster werden sichtbar. Schwächen im Prozess, wie Störungsschwerpunkte, können erkannt und dem Mitarbeiter vom System mitgeteilt werden. Das Gute hieran ist, dass diese Art der Analyse keine Hypothese, keinen Anfangsverdacht braucht, sondern durch Auswertung der Daten in jede beliebige Richtung Probleme sichtbar macht.

Das ist auch nicht ganz von der Hand zu weisen. Wenn alle technischen Systeme digitalisiert und webbasiert vernetzt sind, dann fällt eine Unmenge an Daten an, die der Auswertung harren. Mächtige Rechenwerkzeuge werten diese Daten aus. Dabei werden die Muster erkannt, die guten oder schlechten Produktionsbedingungen zugrunde liegen. Bspw. kann erkannt werden, bei welcher Kombination von Betriebszuständen, Materialqualitäten und Wochentagen ein Aggregat besonders störungsanfällig ist. Man braucht nicht mal eine Hypothese, sondern erkennt solche Dinge durch Anwendung schierer Rechenpower – und das auch noch zeitnah.

Nicht nur, dass wir so etwas gut finden, wir sind der Überzeugung, dass dies auch funktionieren wird. Mit einem entscheidenden Haken. Neue Diagnosemethoden bieten den besonderen „Vorteil", dass für die Anwendung beim Nutzer kein Expertenwissen nötig ist…: „Abweichungen vom normalen Produktionsprozess erkennt der Algorithmus automatisch. So detektiert er selbst Fehlermuster, die ihm vorher nicht bekannt waren."[84]

Das Ganze führt zu besseren Kennzahlen für den Mitarbeiter. Er kann somit die besseren Entscheidungen treffen. Alles schön und gut. Aber zu welchem Preis? Im Vertrauen auf die Kraft von Analytics und Daten

84 inIT: Industrie 4.0: Prozessoptimierung durch selbstlernende Diagnose, https://www.hs-owl.de/init/de/aktuelles/archiv/archiv-einzelansicht/news/industrie-40-prozessoptimierung-durch-selbstlernende-diagnose.html, Zugriff am 15.02.2016.

in Echtzeit geht die Problemlösungskompetenz verloren. So muss der Mitarbeiter sich nicht mehr mit diesen Dingen beschäftigen, wenn er doch weiß, dass der Algorithmus die höhere Logik bereit hält und ihm sagt, wo die Probleme sind.

Wenn man dieses Szenario weiterdenkt – was auch geschieht – dann werden solche Systeme sehr gut erkennen können, welche vom Mitarbeiter eingeleiteten Gegenmaßnahmen wirksam sind und welche nicht. Das System lernt. Dies führt über kurz oder lang zu sehr guten Vorschlägen, die das System dem Mitarbeiter macht. Vom Mitarbeiter der Zukunft wird weder die Fähigkeit zur Analyse noch zur Ableitung von geeigneten Gegenmaßnahmen verlangt. Steuerungsinformationen für den Maschinenbediener – da fühlt sich jetzt auch der Prozessfertiger angesprochen.

Leider schrumpft das Thema Industrie 4.0 somit auf ein besseres MES-System zusammen. Das wird den gewaltigen Aufwand nicht rechtfertigen. Dies wird bald schmerzhaft bewusst werden. Man darf gespannt sein, welcher Nutzen dann aus dem Hut gezaubert und dem staunenden Publikum präsentiert werden wird.

Zudem lauert hier noch ein Denkfehler: Denn dieser Ansatz geht davon aus, dass aus den vergangenheitsbezogenen Mustern auf die Zukunft geschlossen werden kann. In einem statischen Umfeld funktioniert das sehr gut. Je dynamischer ein solches System allerdings ist, funktioniert dies immer schlechter. Und zunehmende Dynamik ist exakt das, was uns viele der Protagonisten von Industrie 4.0 – im Übrigen vollkommen zu Recht – vorhersagen. Sie müssten eigentlich zum Schluss kommen, dass Mustererkennung zum Zweck der Produktionsplanung immer weniger wirksam wird.

Gleiches gilt für die Annahme, dass dank dieser Algorithmen die Produktion besser ausgetaktet werden kann. Prof. Dr.-Ing. Günther Schuh[85] sagt richtigerweise, dass in vielen Unternehmen die Digitalisierung

85 Univ.-Prof. Dr.-Ing. Dipl.-Wirt. Ing. Günther Schuh, Institutsleiter am WZL – Werkzeugmaschinenlabor der RWTH Aachen, Lehrstuhl für Produktionssystematik.

noch nicht abgeschlossen sei. Und dass dies nicht an fehlenden Computern liegt, sondern an der schrecklichen Qualität von Stamm- und Bewegungsdaten. Dem wollen wir gerne zustimmen. Der Clou besteht nun darin, nicht der in der Regel ohnehin überlasteten Arbeitsplanung exakte Vorgabezeiten abzunötigen, sondern auf eine bessere Qualität der manuellen Zeitrückmeldungen zu pochen. Vielmehr werden die Ist-Zeiten der Prozesse automatisch erfasst und ausgewertet. Somit wird die Datenqualität automatisch besser, da sie auf der Realität und nicht auf Annahmen beruht. Im Grunde, so Schuh, sei erst dadurch die Voraussetzung für den Einsatz von Produktionsplanungs- und -steuerungssystemen gegeben. Die Dritte Industrielle Revolution findet also dank Industrie 4.0 ihr glückliches Ende. Auch hier wollen wir im Grundsatz zustimmen. Die Datenqualität wird dramatisch besser werden, mit zunehmender Komplexität der Fabrik wird sich dieser Effekt aber abschwächen.

3.3 Konglomerat par excellence

Dabei soll Industrie 4.0 die Antwort auf so viele weitere Fragen und Herausforderungen sein. Ob steigender Wettbewerbsdruck, Rohstoffmangel, steigende Energiepreise oder aber die Antwort auf den demographischen Wandel. Rettung versprechen cyber-physische Systeme und die Vernetzung dieser.

Die aus ihnen hervorgehenden – neuartigen und flexiblen Produktionstechnologien – versprechen dabei nichts Geringeres, als zu niedrigen Kosten eine hohe Zahl an Produktvarianten herzustellen zu können: und das in gewohnter „My-Müsli-Manier“. Sie möchten keine Rosinen, dafür aber lieber 20 Gramm Quinoa aus den Anden in Ihrer ganz persönlichen Müslimischung? Alles kein Problem mit Industrie 4.0.

Doch was ist mit den anderen Fährnissen im Leben eines Unternehmers? Was, wenn unvorhersehbare Dinge passieren? Was, wenn man in einem der OPEC-Staaten schlecht gefrühstückt hat und plötzlich die

Fördermenge senkt, um den Marktpreis für Rohöl in die Höhe zu treiben? Auch das ist kein Problem – Industrie 4.0 sei Dank! Schwankende Rohstoff- und Energiepreise, Stromausfall, Lieferungsverzögerungen. Eine Anpassung erfolgt „schnell und präzise“ – so die Versprechungen. Regelmäßig ereilen unseren fiktiven Unternehmer Mitteilungen seines Produktionsleiters, dass wieder eine Maschine – oder gar die ganze Fertigungslinie – steht, weil Wälzlager XY zum Preis von 4,24 Euro netto den Dienst quittiert hat. Ein Austausch dauert rund drei Stunden – Martin, Peter und Robert sind immerhin mit Nachdruck dran, versichert man ihm.

Auch hier – Sie ahnen es – ist Industrie 4.0 erneut die Antwort. Maschinen bestellen künftig ihre benötigten Ersatzteile selber, wenn sich Verschleißerscheinungen abzeichnen. Zudem blicken wir sinkenden Kosten für Lagerhaltung und Fertigung entgegen. Während man Produzenten verspricht, durch Industrie 4.0 ihre blutdrucksenkenden Medikamente langfristig absetzen zu können, will man auch den Mitarbeiter nicht vergessen. Er soll ebenfalls nicht zu kurz kommen. Neben dem unterstützenden Leichtbauroboter – ja, der blaue Klaus aus dem CIM-Fernsehwerk Greatz hatte abgespeckt – sollen Assistenzsysteme ihm ubiquitären Zugang zu arbeitsrelevanten Informationen gewähren oder aber das Abrufen eines Trainingsangebots ermöglichen.

Das Beste daran: Die Personalplanung geht künftig viel mehr auf ihn ein. Endlich wird die Vereinbarkeit von Familie und Beruf einfacher. Da jetzt zudem jeder mit jedem auch abteilungsübergreifend kommuniziert, entsteht ein Klima des offenen Miteinanders und der Hilfsbereitschaft.

Zu allem Überfluss – out of nowhere – entwickeln sich aus diesen neuen Anwendungen innovative Geschäftsmodelle. Quasi über Nacht und ohne ein Wort des eigenen Wertbeitrags zur Erschaffung dieser. Nachzulesen ist dies im Zukunftsbild „Industrie 4.0“ des Bundesministeriums für Bildung und Forschung.[86]

86 Vgl. BMBF: Zukunftsvision Industrie 4.0, 2012, S. 6 f., http://www.plattform-i40.de/I40/Redaktion/DE/Downloads/Publikation/zukunftsbild-industrie-4-0.pdf?__blob=publicationFile&v=3, Zugriff am 29.04.2016.

Wow! Wir vermuten, auch Sie müssen sich nun erst mal bei einem Glas Wasser ruhig hinsetzen. Industrie 4.0 ist mit Erwartungen überfrachtet, die teilweise widersprüchlich und häufig nicht belastbar sind – sie wird allein deswegen enttäuschen. Wir sehen hier isolierte Leuchttürme, die oftmals weder sonderlich hoch gebaut wurden noch nennenswerte Strahlkraft besitzen. Hier ist weniger der Nutzen von Industrie 4.0 zu erkennen als vielmehr das verzweifelte Bemühen, diesen herbeizureden.

Ob der kollaborative Roboter oder die Datenbrille – unter dem Slogan Industrie 4.0 hat alles seinen Platz am wärmenden Ofen der Automation gefunden. Industrie 4.0 heißt derzeit lediglich: alles mit allem vernetzen, in der Hoffnung, dass dabei etwas Sinnvolles herauskommt. Weiterhin ist sie Projektionsfläche für alles Mögliche, ob sinnvoll oder nicht. So entsteht natürlich kein Vertrauen. Industrie 4.0 bricht unter der Last der eigenen Versprechungen zusammen – die Protagonisten haben überzogen.

4 Vorhang auf für Industrie 4.0!

Um dies nachvollziehen zu können, ist es mehr als hilfreich, sich mit den wichtigsten Playern von Industrie 4.0 zu beschäftigen, ihre gedanklichen Heimathäfen sowie ihre Absichten kennenzulernen. Wir nennen diese Leute Protagonisten, denn sie sind es, die die Handlung vorantreiben. Der Begriff kommt aus dem Theater und passt ganz gut – denn Industrie 4.0 changiert zwischen Tragödie und Komödie. Zeit, sich diese Protagonisten einmal näher anzuschauen: Vorhang auf für Industrie 4.0 – für Spielplan und Besetzungsliste.[87]

4.1 Die Ahnengalerie von Industrie 4.0

Beginnen möchten wir dazu mit einem Überblick der wichtigsten Ereignisse. Auszüge dessen haben wir bereits angeführt. Nun möchten wir diese in eine zeitliche Reihenfolge bringen.

August 2006: Vorgelegt wurde die Hightech-Strategie (HTS) für Deutschland durch das Bundesministerium für Bildung und Forschung (BMBF) unter der Leitung der damaligen Bundesministerin, Frau Annette Schavan. Dabei sollten 17 Innovationsfelder – in einer gemeinschaftlichen Zusammenarbeit aus Wissenschaft und Wirtschaft – Deutschlands Position auf den Zukunftsmärkten sichern. Ins Leben gerufen wurde u.a. die bereits vorgestellte Forschungsunion Wirtschaft – Wissenschaft. Ausgewählte Themenbereiche der Hightech-Strategie sollten darin von persönlichen Promotoren vorangetrieben werden.

Im ***Dezember 2009*** folgte eine Veröffentlichung durch den Zentralverband Elektrotechnik- und Elektroindustrie e.V. (ZVEI). Dies war die nationale Roadmap Embedded Systems. Den bereits kennengelernten eingebetteten Systemen wurde eine herausragende Rolle für den Wirtschaftsstandort Deutschland attestiert. Mitgewirkt an dieser Road-

87 Nachfolgender Abschnitt ist teilweise nicht mit Quellenangaben versehen, da einige Dokumente als Onlineressource nicht bzw. nur noch eingeschränkt einsehbar sind. Uns liegen alle Dokumente in Papierform oder als PDF vor und lassen eine lückenlose Dokumentation jederzeit zu.

map haben weitere Verbände wie der BITKOM[88], der VDI[89], der VDE[90], sowie der VDMA[91]. Weiterhin Personen von Audi, Siemens, Volkswagen, Bosch, KUKA als Anbieter von Robotik, Infineon als Halbleiterproduzent und Mitglieder des DFKI[92] sowie die Technische Universität München und das OFFIS, ein Institut für Informatik.[93] Das Bundesministerium und Folgestudien bezogen sich beim Thema Industrie 4.0 regelmäßig auf diese 2009 getätigte „Neuausrichtung".

April 2011: Im Kontext der Hannover Messe verkündeten die Promotoren Kagermann und Wahlster der Forschungsunion Wirtschaft – Wissenschaft sowie Wolf-Dieter Lukas die Vision, mit dem Internet der Dinge zur Vierten Industriellen Revolution zu gelangen.

- Henning Kagermann war in den Jahren 1998 bis 2009 nach langjähriger Tätigkeit bei der SAP AG als Co-CEO bzw. alleiniger CEO (2003 bis 2008) tätig und ist seit 2009 Präsident der acatech[94].
- Wolf-Dieter Lukas ist seit Februar 2005 Ministerialdirektor im Bundesministerium für Bildung und Forschung seines Zeichens zuständig für das Resort „Schlüsseltechnologien – Forschung für Innovation".
- Wolfgang Wahlster ist seit 1988 u.a. Direktor und Vorsitzender der Geschäftsführung des Deutschen Forschungszentrums für Künstliche Intelligenz, des DFKI.

Kagermann, Lukas und Wahlster: Sie werden auch die „Väter von Industrie 4.0" genannt.[95]

Im ***November 2011*** folgte die acatech Position CPS, gefördert durch das Bundesministerium für Bildung und Forschung. Inhaltlich thema-

88 Bundesverband Informationswirtschaft, Telekommunikation und neue Medien e.V.

89 Verein Deutscher Ingenieure.

90 Verband der Elektrotechnik Elektronik Informationstechnik e.V.

91 Verband Deutscher Maschinen- und Anlagenbau e.V.

92 Deutsches Forschungszentrum für Künstliche Intelligenz.

93 Vgl. ZVEI – Zentralverband Elektrotechnik und Elektroindustrie e.V. Kompetenzzentrum Embedded Software & Systems (Hrsg.): Nationale Roadmap Embedded Systems, 2009, S. 54, http://www.zvei.org/Publikationen/Nationale%20Roadmap%20Embedded%20Systems.pdf, Zugriff am 07.04.2016.

94 Acatech: Deutsche Akademie der Technikwissenschaften e.V.

95 Vgl. Ciupek, M.: „Abschotten ist keine Alternative", in: VDI Nachrichten, 2015, Nr. 16, S. 2 f.

tisierte diese Herausforderungen, Potenziale, Thesen und Handlungsempfehlungen bei der Anwendung cyber-physischer Systeme. Nicht zuletzt sprach man dem Mittelstand, und darunter auch kleinen und mittleren Unternehmen, eine entscheidende Rolle bei der Erschließung von Potenzialen durch CPS zu.[96]

Veröffentlicht durch den Deutschen Bundestag wurde im ***März 2012*** die Unterrichtung durch die Bundesregierung zum Zukunftsprojekt der Hightech-Strategie in Form des HTS-Aktionsplans. Inhaltlich griff man unter der Rubrik der „sicheren Identität" die von den Promotoren der Forschungsunion getätigte Aussage auf, dass es beim Zukunftsprojekt „Industrie 4.0" um das Internet der Dinge geht, das wir oberhalb schon kennengelernt haben.

Ebenfalls im ***März 2012*** erschien die acatech Agenda CPS als Folgedokument auf die Position CPS. Auch diese Studie wurde durch das BMBF gefördert. Auszugsweise wirkten u.a. folgende Unternehmen und Institutionen an der Erstellung mit: SAP, Beckhoff Automation, Festo als Anbieter der Fabrik- und Prozessautomation, Intel für den Halbleitermarkt, Siemens, der VDMA, der ZVEI, Bosch sowie erneut Institute der Fraunhofer-Gesellschaft. Schwächen wurden in dieser Studie wie folgt benannt:[97]

- Fehlende Marktkompetenz bei Consumer-Produkten, die eingebettete Systeme und Software verwenden.
- Mangelnde Orientierung an Nutzern, Nutzerprozessen und Anwendungsproblemen.
- Schwache Dienstleistungswirtschaft.
- Unzureichende Kompetenzen zu Internet- und Cloud-Technologien.
- Die Technikferne der Bevölkerung.
- Stark fragmentierte Forschung in einzelnen Disziplinen und isolierte Forschungsfragen.

96 Vgl. acatech (Hrsg.): Cyber-Physical Systems, Innovationsmotor für Mobilität, Gesundheit, Energie und Produktion (acatech Position), 2011, S. 33, http://goo.gl/bdlyAN, Zugriff am 30.03.2016.

97 Vgl. o.V., Cyber-Physical Systems: Visionen, Charakteristika und neue Fähigkeiten, in: Geisberger, E. / Broy, M. (Hrsg.): acatech CPS, Integrierte Forschungsagenda Cyber-Physical Systems, 2012, S. 198 ff., http://goo.gl/e1DejM, Zugriff am 30.03.2016.

Oktober 2012: Der durch die Forschungsunion Wirtschaft – Wissenschaft eingesetzte Arbeitskreis Industrie 4.0 veröffentlichte seinen vorläufigen Bericht mit dem Titel „Umsetzungsempfehlungen für das Zukunftsprojekt Industrie 4.0". Vorgestellt wurde die Sichtweise der dualen Strategie, die Deutschland zum Leitmarkt und Leitanbieter in der Produktionstechnik machen soll. U.a. sollte der Mensch bei Industrie 4.0 im Mittelpunkt stehen und vom Bediener zum steuernden und regulierenden kreativen Schöpfer werden. Einer der beiden Vorsitzenden war erneut Herr Kagermann, während Herr Wahlster als Sprecher tätig war und Herr Lukas als Gast des BMBF benannt wurde. Jene Konstellation also, die im August 2011 die Revolution ausrief. Beteiligt waren Unternehmen wie Trumpf als Werkzeugmaschinenhersteller, Festo, Infineon, Siemens und SAP sowie erneut die Verbände BITKOM, VDMA, ZVEI und Forschungsinstitute wie das Fraunhofer IAO oder aber die Scheer Group. Dabei ist der Name kein Zufall. Herrn Scheer lernten wir schon in der CIM-Frage und seinen damaligen Umsetzungsempfehlungen kennen.[98] Die Auflistung der anderen Teilnehmer liest sich erneut wie eine Wiederholung.

8. April 2013: Auf der Hannover Messe wurden die Umsetzungsempfehlungen für das Zukunftsprojekt Industrie 4.0 als Abschlussbericht des Arbeitskreises Industrie 4.0 der Promotorengruppe an die Bundeskanzlerin übergeben. Eine inhaltliche Aussage war dabei, dass Deutschland die Dritte Industrielle Revolution Anfang der 1980er Jahre erfolgreich gemeistert hat. Gelungen sei dies durch eine Integration von speicherprogrammierbaren Steuerungen, die eine Automatisierung der industriellen Fertigung ermöglichte, während die Auswirkungen für die Beschäftigten sozialpartnerschaftlich gestaltet wurden.[99]

Spätestens nach den Ausführungen in unserem oberhalb angeführten CIM-Kapitel möchten wir dies bezweifeln. Angekündigt wurde in der Umsetzungsempfehlung zudem die Etablierung einer neuen Plattform mit dem Namen „Plattform Industrie 4.0".

98 Vgl. Promotorengruppe Kommunikation der Forschungsunion Wirtschaft –Wissenschaft (Hrsg.): Umsetzungsempfehlungen für das Zukunftsprojekt Industrie 4.0, 2012, S. 3, http://www.forschungsunion.de/pdf/industrie_4_0_umsetzungsempfehlungen.pdf, Zugriff am 22.05.2016.

99 Vgl. Promotorengruppe Kommunikation der Forschungsunion Wirtschaft –Wissenschaft (Hrsg.): Umsetzungsempfehlungen für das Zukunftsprojekt Industrie 4.0, 2013, S. 21, https://www.bmbf.de/files/Umsetzungsempfehlungen_Industrie4_0.pdf, Zugriff am 24.05.2016.

4.2 Plattform Industrie 4.0

Zeit für einen kurzen Zwischenstopp und die Mutter aller Industrie 4.0-Allianzen. Was verbindet Wirtschaftsverbände, dass sich diese zu einer „Plattform Industrie 4.0" zusammenfinden?

Beginnen wir mit dem ZVEI. Nach eigenen Angaben handelt es sich bei ihm um die Interessenvertretung der Elektroindustrie auf nationaler und internationaler Ebene mit mehr als 1600 Mitgliedern, für die zweitgrößte und innovativste Branche Deutschlands.[100] Wie wenig innovativ diese Branche tatsächlich in den letzten Jahren hierzulande war, soll ein Blick auf die Halbleitermärkte zeigen. Halbleiter ermöglichen schon viele Jahrzehnte das stete „Schlauer"- und Schnellerwerden von Geräten und Maschinen jeglicher Art. Im privaten Bereich wie auch in den Fabriken der Welt. Die Gleichung lautet dabei seit knapp einem halben Jahrhundert: mehr verkaufte Produkte, in denen Halbleiter verwendet werden = mehr Umsatz, und am Ende des Tages mehr Gewinn für viele deutsche Unternehmen dieser Branche.

Das Problem: Die Marktanteile der deutschen Halbleiterindustrie waren in den vergangenen Jahren stark rückläufig – im zweistelligen Bereich. Embedded Systems für den Unterhaltungs- und Verbraucherbereich kommen vorwiegend aus dem Ausland – aus den USA sowie Fernost. Als Zeitreihe von 2000-2014 betrachtet, entwickelten sich die Marktsegmente, in denen Halbleiter verwendet werden, wie folgt: Kommunikation -78 Prozent, Consumer -54 Prozent, Computer -36 Prozent.[101] Zwischenbilanz: verheerend.

Es fehlte dringend benötigtes Geld in der Kasse, das es zu kompensieren galt. Dies war die Zeit, zu der man dringend auf ein neues Pferd umsatteln musste. Die Trendverläufe versprachen indes, dass der Automobilbranche wie auch der Industrie die neuen Spitzenpositionen als Abnehmer für Halbleiter hierzulande zukommen würden. Nachdem alle anderen Segmente eingebrochen waren, stimmt dies aktuell so-

100 Vgl. ZVEI: Ein starker Partner: http://www.zvei.org/Mitglieder/Seiten/Startseite.aspx, Zugriff am 30.03.2016.
101 Vgl. Kallweit, J.: ZVEI-Trendanalyse bis 2019, http://www.all-electronics.de/zvei-trendanalyse-bis-2019/, Zugriff am 31.03.2016.

gar. Vieles von dem wusste man bereits im Jahr 2009, als der ZVEI die Roadmap Embedded Systems veröffentlichte.

Schuld an dieser Misere waren jedoch die anderen, die „Missversteher". Mit wenig Verlegenheit positionierte sich die Branche in der Opferrolle. Dabei war nicht die Rede von ungünstigen Kostenstrukturen, wenig marktkonformen Geschäftsmodellen oder aber schlichtweg dem Eingeständnis mangelnder Wettbewerbsfähigkeit im vom Kunden akzeptierten Preisbereich. Die angeführten Gründe, die einen gewichtigen Teil dieser Branche in Seenot brachten, waren u.a. das fehlende Rollenverständnis für Embedded Systems als Querschnittstechnologie und Innovationstreiber – zumindest hierzulande. In Asien oder den USA schien dies offenkundig anders zu sein. Zudem mangelte es an Standardisierung und es herrschten Insellösungen und Heterogenität vor. Was dann folgte, können wir in eigenen Worten nicht besser wiedergeben als es Herr Wahlster tat. Er, wie wir wissen, in seiner damaligen Funktion als Mitglied der Promotorengruppe Wirtschaft – Wissenschaft und derjenige, der mit Kagermann und Lukas die Vierte Industrielle Revolution auf der Hannover Messe 2011 ausrief, formulierte es wie folgt: „Industrie 4.0 ist ein gutes Geschäft für die Elektronikindustrie."[102]

Diese Worte gingen runter wie Öl und erfreuten sich großer Zustimmung bei einem anderen Verband, dessen Namen wir oberhalb mehrfach genannt haben, dem BITKOM. Ebenfalls nach eigenen Angaben versteht sich der BITKOM als Vertreter von mehr als 2300 Unternehmen der digitalen Wirtschaft, die Software, IT-Services, Telekommunikations- oder Internetdienste anbieten und Hardware oder Consumer Electronics herstellen.[103]

Aber Moment mal: Haben wir nicht gerade über die Zahlenwerte aus dem Bereich der Consumer Electronics gesprochen, die mittlerweile vorwiegend aus dem Ausland kommen, und ebenfalls, dass das Segment Kommunikation hierzulande weggebrochen ist? Genau! Lesen wir dazu erneut das Zitat von Herrn Wahlster über die heilsame Wir-

102 Vgl. Billerbeck, J.- D.: Halbleiterhersteller setzen auf Industrie 4.0, in: VDI Nachrichten, 2013, Nr. 47, S. 10.
103 Vgl. Bitkom: Über uns, https://www.bitkom.org/Bitkom/Ueber-uns/, Zugriff am 31.03.2016.

kung von Industrie 4.0, erübrigen sich weitere Ausführungen, warum Industrie 4.0 Notwendigkeit statt Kür ist.

In unserer Auflistung fehlt lediglich noch der VDMA. Dieser vertritt – entsprechend seinem Namen – die Interessen von Unternehmen der Investitionsgüterindustrie als größter Industrieverband in Europa mit mehr als 3100 Mitgliedern.[104] Nicht zuletzt lockte die Chance als Leitanbieter an Industrie 4.0, durch die „duale Strategie" partizipieren zu können.

Später werden wir die Branche des Maschinen- und Anlagenbaus erneut aufgreifen und darüber sprechen, warum Industrie 4.0 für sie von solch großem Interesse ist. Dazu werden wir einen Blick auf den Maschinenpark unserer mittelständisch geprägten Industrie wagen. Zunächst – und an dieser Stelle – entschlossen sich der ZVEI, BITKOM und der VDMA, gemeinsame Sache zu machen.

Am ***9. April 2013*** war es dann soweit: Einen Tag nach der Übergabe der Umsetzungsempfehlungen für das Zukunftsprojekt Industrie 4.0 an die Bundeskanzlerin formierten sich die Verbände ZVEI, BITKOM und VDMA offiziell zur Plattform Industrie 4.0. Koordiniert von einer gemeinsamen Geschäftsstelle, wollte man einen Leitmarkt sowie eine Leitanbieterschaft für Produktionstechnologien in Deutschland aufbauen. Doch wie können diese Branchenverbände zu eben dieser Leitanbieterschaft gelangen? Auch auf diese Frage bekamen wir an anderer Stelle und mit ein wenig Zeitversatz – nun aber dank Herrn Kagermann – eine Antwort. Eine der wichtigsten industriepolitischen Aufgaben der Plattform Industrie 4.0 sei, dass die Fabrik der Zukunft Deutsch sprechen soll, um hiesigen Unternehmen einen Wettbewerbsvorteil zu verschaffen.[105] Kagermanns Konzept wurde – gut ein Jahr später – durch die Verbände ZVEI und den VDE mit Leben gefüllt.

Das von Visionären und Idealisten selbst geschnürte Konjunkturpaket zur Kompensation fragwürdiger Kostenstrukturen würde Deutschland

104 Vgl. VDMA: Wer wir sind, https://www.vdma.org/article/-/articleview/6656392, Zugriff am 31.03.2016.
105 Vgl. Winterhagen, J.: Automatisiert zur Losgröße 1, in: AMPERE - Das Magazin der Elektroindustrie, 2013, Nr. 1, S. 15 f.

nur dann zum weltweit führenden Industriestandort und Fabrikausrüster für Industrie 4.0 machen, wenn eine sichere und zuverlässige Versorgung mit Mikroelektronik aus heimischer bzw. europäischer Produktion gesichert ist.[106] Mit anderen Worten funktioniert Industrie 4.0 nur mit einem Chip „Made in Germany".

Bevor wir nun ein wenig vorspulen und zur Pointe der Plattform Industrie 4.0 kommen, möchten wir das Jahr 2013 mit zwei weiteren Schlüsselmomenten abschließen:

November 2013: Das Bundesministerium für Bildung und Forschung veröffentlicht das Zukunftsbild „Industrie 4.0". Demnach bieten cyberphysische Systeme das Potenzial, um auf die Herausforderungen der Industrie im Jahr 2025 zu reagieren.[107] Eine interessante Kernaussage dabei war, dass Automatisierungsdividenden vor allem dazu genutzt werden sollen, um Mitarbeiter stärker in der Kundenintegration einzusetzen.[108] Dies war der Zeitpunkt, zu dem wir uns die Frage stellten, inwieweit der durch eine Automatisierungslösung überflüssig gewordene Mitarbeiter am Fließband am Folgetag im schicken Herrenanzug seine neue Berufung an der Schnittstelle zum Kunden finden soll – anstatt schlichtweg entlassen zu werden. Doch auch dazu später mehr.

Dezember 2013: Der VDE stellt die deutsche Normungs-Roadmap Industrie 4.0 vor. In ihr werden erste Zweifel geäußert. Aus produktionstechnischer Sicht sei es unsicher, ob es sich bei Industrie 4.0 um eine Revolution oder eine Evolution handeln wird. Mit dem Ziel einer konsensbasierten Konsolidierung der unterschiedlichsten Standards soll Investitionssicherheit und Vertrauen bei den Anwendern erzeugt werden. Was noch viel wichtiger und unausgesprochen war: Eigene – „Deutsch sprechende" – Standards schaffen Wettbewerbsvorteile. Erst dann kann Industrie 4.0 seine gesamte Heilkraft entfalten und zum wirklich guten Geschäft werden. Nicht nur für die Elektroindustrie. Mitgewirkt haben u.a. erneut der ZVEI und der VDMA.

106 Vgl. Billerbeck, J.-D.: Erfolg von Industrie 4.0 basiert auf Chips aus Deutschland, in: VDI Nachrichten, 2014, Nr. 38, S. 1.

107 Vgl. Bundesministerium für Bildung und Forschung (Hrsg.): Zukunftsbild „Industrie 4.0", 2013, S. 6, https://www.bmbf.de/pub/Zukunftsbild_Industrie_40.pdf, Zugriff am 29.03.2016.

108 Vgl. Bundesministerium für Bildung und Forschung (Hrsg.): Zukunftsbild „Industrie 4.0", 2013, S. 32, a.a.O.

Dezember 2014: Erste Pressenachrichten kündigten einen Umbruch an. Die im April 2013 gegründete Dialogplattform Industrie 4.0 soll sich künftig unter neuer Leitung wiederfinden. Das Bundeswirtschaftsministerium, mit Bundesminister Sigmar Gabriel und Bundesforschungsministerin Johanna Wanka an der Spitze, übernahm das Zepter. Die Auftaktveranstaltung erfolgte dann offiziell auf der CeBIT, dem Centrum für Büroautomation, Informationstechnologie und Telekommunikation im März 2015.

Hintergrund: Die bisher dem Selbstzweck der Branchenverbände gefolgte Tätigkeit der Plattform führte zu allenfalls ernüchternden Ergebnissen. Man bemühte sich um diplomatische Worte, bedankte sich für die bisher geleistete Arbeit der Verbändeplattform und kommunizierte beiläufig, man wolle künftig doch koordiniert, geordnet und mit einer einheitlichen Sprache gemeinsame Zielvorstellung von Industrie 4.0 definieren, die in umsetzbare Handlungsempfehlungen und Pilotprojekte münden. Neue Leitung und Hoffnung in Sicht?[109]

Wir meinten schon damals – nein. Anhand der Themen Hauptstadtflughafen, Elbphilharmonie oder Transrapid lässt sich eindrucksvoll nachvollziehen, welche Kompetenz die öffentliche Hand im Management von Technologieprojekten hat. Wenn die Bundesministerien für Wirtschaft und Energie sowie jenes für Bildung und Forschung jetzt also dieses Thema an sich reißen, dann wird für Industrie 4.0 ja wirklich Großes zu erwarten sein.

4.3 Fabrikausrüster

Es wurde ein Markt entwickelt, von dem vorzugsweise die Initiatoren von Industrie 4.0 profitieren. Vorne weg die Fabrikausrüster. Sie propagieren dieses Thema – nicht ganz ohne Eigennutz. Gerade die Fabrikausrüster sehen in Industrie 4.0 ein Konjunkturprogramm und betrei-

109 Vgl. BMWi: Memorandum der Plattform Industrie 4.0, 2015, S. 3 f. https://www.bmwi.de/BMWi/Redaktion/PDF/M-O/memorandung-industrie-4-0,property=pdf,bereich=bmwi2012,sprache=de,rwb=true.pdf, Zugriff am 29.03.2016.

ben derzeit Selbstversuche im großen Stil. Die Motivation ist klar: Die erfolgreiche Anwendung von Produkten der Fabrikausrüster im Kontext mit Industrie 4.0 soll die Kunden davon überzeugen, eben diese Produkte – und damit die strahlende Zukunft der Fabrik – käuflich zu erwerben. Sie beglückwünschen sich gegenseitig für technische Lösungen, die aber manchmal gar nicht so innovativ sind, wie behauptet. Wenn man also alten Wein in neuen Schläuchen sehen möchte, wird man hier durchaus fündig.

Angesichts erwarteter Umsatzzuwächse reiben sie sich freudig die Hände, sind bestens gelaunt, haben aber noch nicht begriffen, dass diese Revolution geeignet ist, sie hinwegzufegen.

Nachfolgend möchten wir einen Blick auf die verschiedenen Fabrikausrüster werfen, die Industrie 4.0 im Sinne einer Leitanwender- und Leitanbieterschaft instrumentalisieren. Dabei ist diese Aufzählung weder vollständig noch abschließend.

Ein Unternehmen der ersten Stunde war die Wittenstein AG aus Igersheim in Baden-Württemberg. Dort beschäftigt man sich mit elektromechanischen Antriebssystemen und sieht sich als Wegbereiter der Industrie 4.0 durch intelligente und anschlussfähige mechatronische Systeme. Gefördert durch das Bundesministerium für Bildung und Forschung implementierte man im Hause Wittenstein diese technologischen Industrie 4.0-Ansätze exemplarisch in einer eigenen Fertigung.[110]

Ebenfalls regelmäßig in der Industrie 4.0-Landschaft anzutreffen ist die Firma Festo, beheimatet im schönen Esslingen am Neckar. Als Automatisierungsunternehmen ist man bei Festo der Auffassung, dass das Überwinden von Preisnachteilen im Hochlohnland Deutschland durch Industrie 4.0 besser gelingen wird. Stand November 2014 investierte Festo über 60 Prozent der Forschungs- und Entwicklungsaufwendungen in Industrie 4.0.[111] Bei einem Umsatz von 2,45 Milliarden Euro und

110 Vgl. Stephan, P.: Wie sich Wittenstein im Bereich Industrie 4.0 engagiert, https://www.youtube.com/watch?v=qhH_nJrS7Mk, Zugriff am 11.04.2016.

111 Vgl. Ciupek, M.: „Wir wollen alle mitnehmen“, in: VDI Nachrichten, 2014, Nr. 45, S. 9.

einem F&E-Anteil von 9,0 Prozent entsprach dies folglich über 130 Millionen Euro.[112] Ein hoher Betrag, der durchaus Erwartungen wecken dürfte. Weitere Unternehmen dieser Gattung sind die Firmen Phoenix Contact und Beckhoff Automation. Was Industrie 4.0 anbelangt, sieht man selbstbewusst bei Beckhoff diesbezüglich keine unlösbaren technischen Hürden. Ganz im Gegenteil. Vielmehr sollte klar sein, dass eine Spritzgussmaschine eben nur mit der hauseigenen Fast Control Technologie von Beckhoff noch effizienter mit mehr Durchsatz und Materialeinsparung produzieren kann[113] – Partikularinteressen halt.

In den Hallen von Phoenix Contact geht man noch einen Schritt weiter. Demzufolge versteht man sich als Anwender und Anbieter von Industrie 4.0 und ist der Meinung, dass alle Produkte aus dem Bereich der Automatisierungstechnik die Aspekte von Industrie 4.0 unterstützen.[114]

Unser vorletzter Halt soll uns nach Espelkamp führen. Das beschauliche Städtchen unweit von Osnabrück ist der Firmensitz der Firma Harting, als Hersteller von Industriesteckverbindern. Auch hier war der Hype um die Vierte Industrielle Revolution bereits 2013 angekommen und man verstand sich – das Wortpaar schien en vogue – als Anbieter und Anwender von Industrie 4.0-Technologien. Damit die nach eigenen Aussagen investitionsbereiten Kunden dies auch zeitnah machen können, präsentiert man bei Harting auf alter RFID-Technologie beruhende Lösungen, die dem Produkt zum Gedächtnis verhelfen sollen.[115]

Ernst Werner von Siemens, den Urvater dessen, woraus die heutige Siemens AG hervorging, haben wir ja bereits kennengelernt. Auch bei Industrie 4.0 ist der Technologiekonzern Siemens an vorderster Front dabei und treibende Kraft. Folgt man Vorstandsmitglied Prof. Dr. Russwurm, ist Industrie 4.0 eine Verpflichtung für Volkswirtschaften.[116] Wie man im Hause Siemens dieser Verpflichtung nachkommt, konnten wir

112 Vgl. Festo AG & Co. KG: Die Industrie 4.0-Komponente als Schlüssel zur Umsetzung von Industrie 4.0, 2014, S. 15, http://www.tkm-net.de/cms/upload/Forum_Industrie_4.0/05_Michael%20Hoffmeister%20-%20Die%20I40-Komponente%20als%20Schluessel%20zur%20Umsetzung%20von%20I40.pdf, Zugriff am 11.04.2016.

113 Vgl. Spinnarke, S.: „Für uns ist Interoperabilität nicht neu“, in: Produktion, 2013, Nr. 35, S. 5.

114 Vgl. Spinnarke, S.: Phoenix Contact auf dem Weg zur Mega-Factory, in: Produktion, 2013, Nr. 42, S. 8.

115 Vgl. Spinnarke, S.: „Wir nutzen Industrie 4.0“, in: Produktion, 2013, Nr. 40, S. 5.

116 Vgl. Giersberg, G.: Industrie 4.0 für Kaufleute und Juristen, in: a.a.O.

ebenfalls im Jahr 2013 sehen. In Zusammenarbeit mit Kuka Robotics – als Hersteller von Industrierobotern – verheiratete Siemens die eigene CNC-Steuerung mit den Robotern von Kuka. Doch mit welchem Ziel? Die Antwort folgte postwendend: In einer hochflexiblen und vollautomatischen Produktion ist die vollständige Integration von Robotern in den Fertigungsfluss notwendig, hieß es.[117]

Uns erinnert die benannte Notwendigkeit der vollständigen Integration von Robotern in den Fertigungsprozess stark an CIM und Halle 54, mit dem unverändert praktischen Nebeneffekt, doppelt verdienen zu können: primär über die eigenen Produkte. Sekundär über in Produkte von Automatisierern eingebrachte Technologie.

Eine kritische und einseitig-deutsche Sichtweise zweier Autoren? Zuspruch für diese Einschätzung kommt – wie bei CIM – erneut aus Übersee, aus den USA: „Die Deutschen fokussieren sich auf Fabrikautomation, weil Siemens sich dafür interessiert. Siemens sponsort diese Entwicklung."[118]

Doch wie überzeugt man den mittelständischen Unternehmer, dass er Lösung dieser Art braucht? Was also aus Anbietersicht her musste, war ein erprobtes Instrument zur Kundengewinnung. In der Welt des Marketing kennt man hierfür genau das richtige Mittel. Ein jeder von uns erinnert sich an Werbespots aus dem Fernsehen, bei denen die grandiose Wirkung einer Zahncreme oder aber der „klügeren" Zahnbürste, die nachgibt, angepriesen wurde. Und das nicht irgendwie, sondern durch überzeugte Fachleute und Nutzer der Produkte. Dieses Empfehlungsmarketing zielt normalerweise darauf ab, dass von einem Produkt überzeugte Kunden dieses auch bereitwillig weiterempfehlen. Statt Zahncreme nun Industrie 4.0: „aus der Praxis in die Praxis"-Angebote diverser Unternehmen.

Dabei bewarben Hersteller ihre eigenen Produkte – mangels echter Kunden – als erfolgreiche Anwender, die durch diese endlich den

117 Vgl. Nördinger, S.: Siemens und Kuka ebnen Industrie 4.0 den Weg, in: Produktion, 2013, Nr. 39, S. 5.
118 Vgl. Knüpffer, G.: Deutsche denken nur an Fabrik, in: a.a.O.

großen Schritt zu Industrie 4.0 gemeistert haben. Weil das alles so reibungslos und wunderbar klappt, können ihre Kunden diesen Schritt nun auch gehen. Vorausgesetzt, sie kaufen die unsagbar innovative Hardware für diese Transformation bei exakt diesem Unternehmen. Der smarte Geschäftsführer eines interessierten Unternehmens brauchte eigentlich nur noch den Produktkatalog anzufordern oder downzuloaden, und – ZAPP – konnte er seine Unternehmung in das Produktionszeitalter von Industrie 4.0 beamen.

Das wäre soweit akzeptabel, wäre Industrie 4.0 – richtig umgesetzt – ein rein technologisches Thema. Ist es aber nicht. Daher: Abgesehen von verzweifelten Anwendern für Spritzgussprodukte, die nunmehr wissen, dass sie ihre Produktivität ausschließlich mit Lösungen von Beckhoff steigern können, folgten die wenigsten diesem Aufruf.

4.4 Forschung

Nachdem wir einen Blick auf die Zeitschiene geworfen haben, möchten wir neben den größten Verbänden und ihrem gemeinsamen Interesse an Industrie 4.0 über eine weitere Protagonistengruppe sprechen – die Forschung.

Bei ihr sitzt der Stachel tief: CIM war ein Misserfolg und bei Lean Production hatte man keine eigenen Beiträge. In den letzten Jahrzehnten entstand neues Wissen um Produktionsmanagement nicht an den Universitäten, sondern in der Praxis – vor allem bei Toyota.

Die Forschung treibt also nicht das Ansinnen, einen Unternehmenswert zu steigern oder einen Platz auf dem Weltmarkt zu behaupten, wie im Falle der Halbleiterindustrie oder Fabrikausrüster. Ihr Begehren war durchaus subtiler. Mit Blick auf die vorangegangenen industriellen Revolutionen wurde obige Aussage nochmals schmerzlich bewusst: Noch nie sind wesentliche Impulse des Produktionsmanagements von Hochschulen ausgegangen. Die Industrie setzte diese Impulse. Dabei zeigten Ford und Toyota eindrucksvoll auf, wie man – richtig angewandt – aus wissenschaftlichen Modellen Wachstum und Wohlstand generieren konnte. Die erwähnten Forscherpersönlichkeiten Taylor, Deming, Juran, Shingō oder Ishikawa lieferten ihnen die notwendigen Werkzeuge für diesen Prozess. Ein Umstand, der für Forschungseinrichtungen ein gewisses Frustrationspotenzial birgt. Der Platz als Protokollant des Geschehens in der zweiten Reihe – sozusagen als wissenschaftlicher Hofberichterstatter – ist wenig ruhmreich. Da können schon mal Zweifel an der Daseinsberechtigung kommen. Die Industrie 4.0-Bühne offerierte diesbezüglich die lang ersehnte Chance, eigene Spuren zu hinterlassen.

Wie genau das aussehen soll, erfahren wir, wenn wir stellvertretend für viele andere einen Blick auf die Fraunhofer- und Universitätsinstitute aus dem Stuttgarter Raum werfen. Dabei sollen Unternehmen wie KUKA, Festo oder Siemens – jene Fabrikausrüster, die in unserer Ahnengalerie omnipräsent waren – ihre Lösungen, Maschinen oder Software in ein Industrie 4.0-Anwendungszentrum integrieren. Betrieben von besagten Fraunhofer- und Universitätsinstituten werden von den Unternehmen eingebrachte Technologien dort fit für die Zukunft und fit für Industrie 4.0 gemacht.[119] Gleiches gilt für die Universität Potsdam. Auch hier verspricht ein kooperatives Anwendungszentrum interessierten Unternehmen die Suche nach Potenzialen in bestehenden Produktions- und Logistikprozessen mit modernen Industrie 4.0-Ansätzen.[120]

Abseits von Anwendungszentren ein weiteres Beispiel vom IFA – dem Institut für Fabrikanlagen und Logistik der Leibniz Universität Hannover. Dort strickt man um bestehende Produktionsplanungs- und Steuerungssysteme (PPS) – die, wie wir wissen, vom Maschinenbau her gedacht ihr Seelenheil in der Mangelverwaltung finden – die neue Industrie 4.0-Landschaft mit ihrem Mitbringsel der cyber-physischen Systeme herum.

119 Vgl. Fraunhofer IAO: Stuttgarter Fraunhofer – und Universitäts-Institute sind Partner der „Allianz Industrie 4.0 BW", https://www.iao.fraunhofer.de/lang-de/ueber-uns/presse-und-medien/1441-anwendungszentrum-industrie-4-0.html, Zugriff am 01.04.2016.

120 Vgl. Perfect Production: Anwendungszentrum Industrie 4.0, http://www.perfect-production.de/de/forschung/kooperation-mit-der-universitaet-potsdam, Zugriff am 02.04.2016.

Als wäre das noch nicht genug: Der BITKOM – bei dem wir die Interessen seiner Mitglieder an Industrie 4.0 kennen – gab eine interessante Studie in Auftrag. Bis dahin recht unspektakulär. Das Neue daran ist, dass sich ein Fraunhofer-Institut zu wissenschaftlich fraglichen Blicken in die Glaskugel hinreißen ließ. So geschehen im Jahr 2014, als der BITKOM das Fraunhofer IAO beauftragte, genau das zu tun. Anders ausgedrückt: Ein Nutznießer von Industrie 4.0 beauftragt einen anderen Nutznießer von Industrie 4.0 damit herauszufinden, welcher Nutzen mit Industrie 4.0 denn verbunden sei.

Was meinen Sie, was dabei herauskommt? Das Ergebnis ist wirklich nicht überraschend und folgender Verdacht drängt sich auf: Die prozentualen Steigerungen sind im Rahmen eines Workshops grob geschätzt worden. Den Rest haben dann der Praktikant und Excel erledigt. Dabei soll sich die Bruttowertschöpfung am Beispiel sechs ausgewählter Wirtschaftsbereiche von in Summe 343 Milliarden Euro in 2013 auf 422 Milliarden Euro in 2025 durch den Einsatz von Industrie 4.0-Technologie steigern lassen – möglicherweise. Über zwölf Jahre betrachtet steigt die Bruttowertschöpfung der sechs Branchen jährlich im Mittel um 1,74 Prozent – oder aber konkret um 5,97 Milliarden Euro im ersten Jahr.

Ist das jetzt viel? Ist das wenig? Merkt eine Volkswirtschaft davon etwas? Ausgehend von einer Bruttowertschöpfung von rund 2537 Milliarden Euro, die wir 2013 in Deutschland hatten, kann also der Studie nach Industrie 4.0 für einen „Ruck" in der volkswirtschaftlichen Gesamtrechnung des Folgejahrs von kaum beeindruckenden +0,24 Prozent sorgen. Wie viel von diesem viertel Prozent dann monokausal durch Industrie 4.0 erklärt werden kann, möchten wir nicht weiter hinterfragen. Beides steht natürlich so nicht in der Studie. Dies wäre auch wenig gradlinig – untersucht man doch Industrie 4.0 auf sein Potenzial als Produktivitätstreiber mit einem kumulierten Produktivitätswachstum für den Maschinen- und Anlagenbau von 30 Prozent.[121]

121 Vgl. Bauer, W. et. al.: Industrie 4.0 – Volkswirtschaftliches Potenzial für Deutschland, 2014,S. 36, https://www.bitkom.org/Publikationen/2014/Studien/Studie-Industrie-4-0-Volkswirtschaftliches-Potenzial-fuer-Deutschland/Studie-Industrie-40.pdf, Zugriff am 23.05.2016.

Mit der Beweisführung für Aussagen dieser Art halten sich diese Herrschaften nicht lange auf – schließlich geht es ja darum, Geschichte zu schreiben. Ganz nebenbei: Die ebenfalls in der Studie angegebenen Werte über erwartete Produktivitätssteigerungen von 2,2 Prozent im Jahresmittel des Maschinen- und Anlagenbaus durch Industrie 4.0-Technologieeinsatz lassen jeden gestandenen Produktioner kalt.[122] Diese sind auch mit Lean Production erreichbar – und das ganz ohne Investitionsrisiko. Denn eines ist ja klar: der Produktioner muss für Industrie 4.0 Geld in die Hand nehmen – vermutlich viel Geld.

Hohe Investitionen bei unklarem Erfolg: beste Gründe für jeden Unternehmer, sich nicht mit Industrie 4.0 zu beschäftigen. Das gilt natürlich nicht für die Fabrikausrüster. Für sie sind Kosten für Industrie 4.0 Kosten für die Entwicklung von Produkten und Märkten.

Die Freude, an einer großen Sache mitzuwirken, hat den einen oder anderen unvorsichtig gemacht. Wir vermissen die Diskussion der Chancen und Risiken von Industrie 4.0, ein Abwägen von Pro und Contra, wie dies eigentlich einer Forschungseinrichtung würdig wäre. Es ist nur von Chancen und Gründen dafür die Rede – allenfalls wird von Herausforderungen gesprochen. Stattdessen macht es auf uns den Eindruck, man füllt bereitwillig alten Wein – in Anwendungszentren eingebrachte „Lösungen, Maschinen, Software" – in neue Schläuche um. Ob dieser Wein verkorkt ist oder nicht.

Angesichts großzügig bereitgestellter Forschungsmittel möchte man sich natürlich nicht lange mit Einwänden aufhalten und ist da gerne etwas großzügiger. Das ist nachvollziehbar: Nur sollte man dann aber auch aufhören zu behaupten, man sei der Wissenschaft und dem Erkenntnisgewinn verpflichtet.

Wo wir schon einmal beim Thema des Geldes angekommen wären, möchten wir stellvertretend über eine Institution sprechen, deren Namen wir in unzähligen Publikationen bei Industrie 4.0 wahrgenommen

122 Vgl. Bauer, W. et. al.: Industrie 4.0 – Volkswirtschaftliches Potenzial für Deutschland, 2014,S. 36, a.a.O.

haben: die acatech. Man versteht sich als gemeinwohlorientierte, wissenschaftsbasierte Stimme der Technikwissenschaften mit einem unabhängigen Beratungsauftrag – gefördert von Bund und Ländern.[123] Blickt man auch hier hinter die Kulissen, hätte es in den letzten Jahren durchaus schlechter laufen können. Forschungseinrichtungen, wie diese im Februar 2002 gegründete, wurden bis zum Jahr 2008 nicht in einer gemeinsamen Bund-Länder-Förderung berücksichtigt. Begonnen mit 1 Million Euro institutioneller Förderung im Jahr 2008 summiert sich diese bis zum Jahr 2014 auf 11 Millionen Euro auf. Allein in den Jahren 2012-2014 wurde diese Förderung um weitere 18,5 Millionen Euro an Drittmitteln vom Bund, Unternehmen wie auch Spenden erweitert.[124] Von ursprünglich keiner Berücksichtigung in nur wenigen Jahren zur institutioneller Förderung in Millionenhöhe. Nicht nur – aber auch – Industrie 4.0 sei Dank.

Welche Rolle spielt Industrie 4.0 daher in der Forschungslandschaft bei der Frage um die Erschließung von Projektmitteln und der institutionellen Förderung durch die Bundesregierung – für die acatech – wie auch für andere? Industrie 4.0, und nicht zuletzt ihre mediale Aufmerksamkeit sowie die politische Sorge, einen unsagbar wichtigen Umbruch wie die industrielle Revolution auf Ansage zu verpassen, ebnen Forschungsinstituten und Wissenschaftsakademien den Weg zu einer wichtigen wie auch notwendigen Einnahmequelle sowie die lang ersehnte Chance, als Wegbereiter wahrgenommen zu werden. Am Ende des Tages: Taylor, Deming, Juran, Shingō, Ishikawa, Fraunhofer, acatech? Wir glauben: nein.

4.5 Allianzen²

Betrachten wir den Begriff „Allianz" und seine Wortherkunft, können wir diese umgehend in der französischen Sprache verorten. Dabei bedeutet das Wort „alliance" z. Dt. „Bündnis". Seit der Verkündung der Vierten

123 Vgl. acatech: Leitbild, http://www.acatech.de/de/ueber-uns/leitbilder-und-leitlinien.html, Zugriff am 02.04.2016.
124 Vgl. acatech: Monitoring-Bericht 2015, 2015, S. 25, https://www.bmbf.de/files/acatech_GWK_Bericht_2015_WEB_final.pdf, Zugriff am 04.04.2016.

Industriellen Revolution hat sich eine große Anzahl dieser Bündnisse mit unterschiedlichster Ausrichtung gebildet. Die kennengelernte Plattform Industrie 4.0 war dabei ein solches und verstand sich als die Stimme von rund 7000 Mitgliedsunternehmen. Auch auf kleinerer Ebene nahmen wir jedoch unzählige weitere Interessengemeinschaften wahr. Wir möchten Ihnen in diesem Zusammenhang auch hier einen kurzen Überblick geben, wie unterschiedlich und doch gleich die verfolgten Richtungen zu sein scheinen – und wie diese auf uns wirken.

Die Allianz Mittelstand 4.0 wurde am 18. März 2015 auf der CeBIT vorgestellt.[125] Ihr Ansinnen ist, als selbsterklärter Impulsgeber zu fungieren und Verbände, Organisationen, Cluster, Netzwerke und Experten zu vernetzen. Im Mittelpunkt steht dabei – der Rahmen der CeBit lässt es erahnen – die Digitalisierung im Kontext von Industrie 4.0.

Mit Gleichgesinnten soll dabei ergebnisoffen in einer praxisbezogenen Gemeinschaft ein neues Zukunftsbild vom Mittelstand 4.0 definiert werden. Die Allianz Mittelstand möchte dabei die Digitalisierung des Mittelstands beschleunigen. Interessanterweise wurde diese Allianz vom BITMi[126] und der Mittelstandsinitiative digitalize your business initiiert.[127] Der BITMi vertritt die Interessen von über 1000 ausschließlich mittelständischen IT-Unternehmen.[128]

Mittelständler aller Branchen sollen sich von IT-Mittelständlern ausrüsten lassen. Viele, so glaubt die Allianz Mittelstand 4.0, „versuchen auszusitzen, was man nicht aussitzen kann – die Digitalisierung der eigenen Zukunft."[129] Reden wir also hier tatsächlich über „Gleichgesinnte"? Wir meinen: nein.

Als weitere Initiative möchten wir Ihnen die „Zukunftsallianz Maschinenbau e.V." vorstellen. Der Name als solcher gibt einen Eindruck dafür,

125 Vgl. Allianz Mittelstand 4.0: Wie sehen die nächsten Schritte aus?, http://www.mittelstand-40.de/, Zugriff am 11.02.2016.

126 Bundesverband IT-Mittelstand e.V.

127 Vgl. Allianz Mittelstand 4.0: a.a.O.

128 Vgl. BITMi: Der BITMi, http://www.bitmi.de/php/evewa2.php?d=1460108704&menu=01&GSAG=4bf0da03939edb0a206721a29f5b3469, Zugriff am 08.04.2016.

129 Allianz Mittelstand 4.0: a.a.O.

wer mit wem eine Zusammenarbeit anstrebt. Im April 2015 entschlossen sich Maschinenbauer nördlich des Mains, ein Innovationsnetzwerk zu gründen. Während in Baden-Württemberg und Bayern eine Vernetzung zwischen den Unternehmen sowie ein reger Austausch bestand, wollte man dies auch außerhalb des Freistaats und seinem Nachbarn etablieren. Mit aktuell 25 Mitgliedern möchte man insbesondere die globale Wettbewerbsfähigkeit von Automatisierern und kleinen wie auch mittelgroßen Maschinenbauunternehmen stärken. Diese dürfen den digitalen Wandel nicht ignorieren, um gegen neue Wettbewerber und erhöhten Kostendruck zu bestehen, heißt es.[130] Der Vorstandssprecher der Zukunftsallianz Maschinenbau e.V., Dr. Volker Franke, ist überdies Geschäftsführer der Harting Applied Technologies GmbH, einer Sparte des oberhalb kennengelernten Steckverbindungsherstellers Harting.

Interessanterweise erinnern wir uns an ein Interview mit einem Geschäftsführer der Tochtergesellschaft Harting IT Services aus dem Oktober 2013. Darin wird das Unternehmen – wie wir wissen – als Anwender und Anbieter von Industrie 4.0 beschrieben. Erwerben können die Kunden dort neben Hard- und Softwarekomponenten eine gesamte Dienstleistungspalette, die neben der Beratung auch die Implementierung und den Service umfasst.[131]

Zurück im Jahr 2015 und nun im Kontext der neuen Allianz meint man, „die Zukunftsallianz Maschinenbau will kleine und mittlere Unternehmen fit machen für den globalen Wettbewerb."[132] Schaut man genauer hin, wer als Innovationspartner bei der Zukunftsallianz Maschinenbau aktiv ist, stößt man auf weitere bekannte Unternehmen, wie z.B. Phoenix Contact. Auch Phoenix Contact gab im Oktober 2013 in einem Interview zu verstehen, dass alle Produkte aus der Automatisierungstechnik von Phoenix Contact Industrie 4.0-Aspekte unterstützen, wie wir zuvor angeführt haben.[133]

130 Vgl. Schaal, S.: Warum die Industrie 4.0 noch am Anfang steht, http://www.wiwo.de/unternehmen/mittelstand/zukunftsallianz-maschinenbau-warum-die-industrie-4-0-noch-am-anfang-steht/12277416-all.html, Zugriff am 11.02.2016.

131 Vgl. Spinnarke, S.: „Wir nutzen Industrie 4.0", a.a.O.

132 Schaal, S.: Warum die Industrie 4.0 noch am Anfang steht, a.a.O.

133 Vgl. Spinnarke, S.: Phoenix Contact auf dem Weg zur Mega-Factory, a.a.O.

Stellvertretend möchten wir anhand der Allianz Mittelstand 4.0 und der Zukunftsallianz Maschinenbau e.V. hinterfragen, ob diese nichts Geringeres sind, als der Versuch, kleine und mittlere Unternehmen mithilfe der eigenen Produkte „fit für die Zukunft" zu machen.

4.6 Die Ahnungslosen

Industrie 4.0 deckt die Ahnungslosigkeit einzelner Protagonisten schonungslos auf. Leider wird man hier auch in der Forschung fündig, wie folgendes Beispiel zeigt.

Unter dem Namen „Intelligente Assistenzsysteme – Handarbeitsplatz" lernten wir einen weiteren technologischen Meilenstein – hin zu Industrie 4.0 kennen. Oder doch nicht? Zu sehen in der Smart Factory OWL, einer Initiative der Fraunhofer-Gesellschaft und der Hochschule Ostwestfalen-Lippe, fand diese Technologie in einem Vortrag zum Thema „Industrie 4.0 – zwischen Markt und Forschung" auch zu uns. Wer dabei auf Kontaktlinsen oder Hologramme wartete – also auf irgendwas Innovatives – wurde bitter enttäuscht.

Vorgestellt wurde der Montagearbeitsplatz der Zukunft, bei welchem mithilfe eines Projektors Informationen auf den Arbeitsplatz und sein direktes Umfeld projiziert werden. So wird am Fach, in welches der Mitarbeiter greifen muss um das korrekte Bauteil zu entnehmen, eine kleine Fläche grün angestrahlt und dieses ggf. mit einer Nummer versehen. Über eine weitere Projektion wird auf dem Montagetisch die Sollpositionierung des Werkstücks angezeigt, bevor der Monteur die entnommenen Schrauben in die vorgesehenen Löcher des Bauteils entsprechend dem Arbeitsplan eindreht. Erfasst werden sämtliche Montageschritte mittels eines Kamerasystems und einer Gestenerkennung, durch welchen sich der Montageprozess intuitiv steuern lassen soll. Diese Verbindung der physischen und virtuellen Welt soll den Menschen stärker ins Blickfeld von Industrie 4.0 rücken, heißt es.[134]

134 Vgl. Fraunhofer-Anwendungszentrum Industrial Automation (IOSB-INA): Intelligente Assistenzsysteme, http://www.smartfactory-owl.de/index.php/de/work-processes/365-intelligente-assistenzsysteme-handarbeitsplatz, Zugriff am 18.04.2016.

Das hört sich wirklich toll an: Der Vortragende hat dabei völlig zu Recht darauf hingewiesen, dass das Tragen einer unhandlichen Datenbrillen zur Bereitstellung ergänzender Informationen am Arbeitsplatz nicht jedermanns Sache sei. Entweder man ist technikbegeisterter Nerd – dann will man – oder man ist weisungsabhängig Beschäftigter – dann muss man.

Lässt man jedoch obiges Wortgeklingel einmal weg, war lediglich eine Pick-by-Light-Lösung zu sehen: 30 Jahre alte Technologie!

Sie nennen es Virtual Reality ohne Helm. Wir nennen es Forschen ohne Sinn und Verstand. Was muss im Kopf eines Forschers vorgehen, damit er auf die Idee kommt, hierfür Gelder zu beantragen – und was im Kopf desjenigen, der so etwas auch noch bewilligt?

4.7 Trittbrettfahrer

Von den Ahnungslosen ist es nur ein kleiner Schritt zu einer anderen Gruppe von Protagonisten: den Trittbrettfahrern. Sie versehen Sinnbefreites und längst Vorhandenes mit dem Label „Industrie 4.0" und bieten es an. Selbst Anbieter, die bislang unverdächtig waren, unseriös zu handeln, lassen sich zu eigenartigen Handlungen hinreißen. Symbolisch hierfür möchten wir Ihnen drei leicht zu durchschauende Ansätze vorstellen, um beim Thema Industrie 4.0 den Fuß in die Türe zu bekommen und als Lösungsanbieter oder aber Pionier wahrgenommen zu werden.

4.7.1 Starter Kit

Ein kurzer Rückblick. Dem Thema CIM haben wir uns bereits ausführlich gewidmet. Man glaubte, es sei genau die Art und Weise zu produzieren, die für viele mittelständische Zulieferer die Antwort auf die Überlebensfrage werden sollte.[135] Dabei wurde herausgestellt, „daß

135 Scheer, A.-W.: CIM – eine Herausforderung für den Mittelstand, in: Scheer, A.-W. (Hrsg.): Computer Integrated Manufacturing, Heidelberg 1988, S. 3.

für den Mittelstand insbesondere das fehlende CIM-Know-How zum Engpaß wird. (...) Dem mittelständischen Anwender muß (...) ein CIM-Paket angeboten werden."[136] Dieses enthält den Zusammenschluss aus Hardware, Software sowie organisatorische Beratung und Schulung. Das CIM-Paket sollte im Jahr 1988 fehlendes Know-how kompensieren und das Ruder rumreißen.

Angekommen bei Industrie 4.0 zeichnet man ein ebenso finsteres Bühnenbild. Eines, das deutlich machen soll, dass wir handeln müssen. Jetzt. Nicht irgendwann. Die wie auch immer geartete Digitalisierung der eigenen Zukunft können wir nicht aussitzen, wie uns der Bundesverband IT-Mittelstand kürzlich lehrte.

Um für durch blinden Aktionismus getriebene Unternehmer hier genau das richtige Angebot zur Hand zu haben, können Sie nun zwei Dinge tun. Erstens, Sie setzen sich stundenlang zusammen und brainstormen mit Marketingfachleuten und Produktentwicklern über eine unsagbar innovative Idee, oder aber zweitens, Sie steigen auf den Dachboden, holen einen eingestaubten Karton mit Büchern aus dem Jahr 1988 hinunter und hoffen, dass sich an den Flop des CIM-Paket von vor 30 Jahren niemand mehr erinnert.

Gut, in Zeiten, in denen der Hausmeister nun Facility Manager heißt, wirkt das ein wenig plump. Aufgewertet durch poppige Anglizismen wird aus dem CIM-Paket einfach das Smart Factory Starter Kit „Industrie 4.0 in a box" – zum Festpreis, versteht sich. Laut Anbieter der schnelle Einstieg in Industrie 4.0.[137]

Es erweckt ein wenig den Eindruck einer Backmischung. Doch statt Eiern und Milch fügen Sie einfach folgende Zutaten hinzu: eine Hand voll Fachkräfte, bis zu drei vernetzungsgeeignete Maschinen und eine Prise gesunden Optimismus. Alles kräftig umrühren und fertig ist Industrie 4.0. Einfach irgendwelche Maschinen miteinander vernetzen und schon ist man dabei. In den frühen Zeiten von Lean Production nannte man so

136 Scheer, A.-W.: a.a.O., S. 13.
137 Vgl. Forcam: Industrie 4.0 „In a Box", http://www.forcam.de/index.php?id=306, Zugriff am 17.04.2016.

etwas Happy Kaizen: das sinnbefreite Anwenden beliebiger Tools an einem beliebigen Punkt, ohne Ziel und ohne Konzept.

4.7.2 Der Schicht-Doodle

Produktionsmitarbeiter kosten Geld. Ein simpler Sachverhalt, einfach nachzuvollziehen. Zeitarbeit, die in ihrem Ursprung als Überbrückungslösung gedacht war, ist schon viele Jahre fester Bestandteil gelebter Unternehmensphilosophie. Mitarbeiter sollen nur dann Geld kosten, wenn diesem eine unmittelbare Wertschöpfung entgegensteht. Nur dumm, dass in konjunkturell schlechteren Zeiten, in denen man per Griff zum Telefon die Heerschar der Leiharbeitnehmer beim Disponenten abbestellt, sich ein Moment der Ambivalenz einstellt.

Über die Zeitperiode ihres Einsatzes in der Unternehmung hinweg sind diese Mitarbeiter eingearbeitet worden und haben zumindest die Struktur ihres limitierten Produktionsmikrokosmos durchdrungen – wenn nicht sogar deutlich mehr. Gewissermaßen haben sie Know-how erlangt, ihrer Tätigkeit nachkommen zu können. Kommt es hingegen in konjunkturell guten Zeiten zu erhöhtem Arbeitsaufkommen, müssen Kapazitäten mühsam erschlossen werden – bei Zusatzschichten bspw.

Bereits im Dezember 2014 erhielt die Firma BorgWarner – als Anbieter für Antriebsstrangkomponenten und Systeme – den Industrie 4.0-Award für eine neue Software zur „Optimierung des Personaleinsatzes“ mit dem Namen KapaflexCy (selbstorganisierende Kapazitätsflexibilität in Cyber-Physical Systems).[138]

Praktische Umsetzung: Ein sog. Segmentleiter (Schichtplaner) ermittelt den Personalbedarf einer anstehenden Zusatzschicht der Folgetage. Dabei ermittelt er: welche Schicht? Wie viele Mitarbeiter? Mit welchen Qualifikationen? Diese Ausschreibung geht den Werkern in Folge auf ihrem Smartphone zu, woraufhin sie entscheiden können, eine Schicht

138 Vgl. BorgWarner: Pressemitteilung, 2014, S. 1, http://www.kapaflexcy.de/content/dam/kapaflecy/documents/BorgWarner_Pressemitteilung.pdf, Zugriff am 17.04.2016.

anzunehmen oder abzulehnen. Ähnlich wie man es von der Terminabsprache über den Onlinedienst „Doodle" kennt. Das alles passiert auf einer Cloud-basierten Plattform, bereitgestellt durch den IT-Konzern SAP.[139] Die Fraunhofer fassen es in ihrem Onlineauftritt pragmatisch und kurz zusammen: „Gearbeitet wird nach Bedarf – genau dann, wenn der Kunde ordert."[140]

Beteiligt am Projekt von September 2012 bis Herbst 2015 waren neben dem Fraunhofer IAO die Uni Stuttgart, SAP und weitere Unternehmen und Institutionen, ausgestattet mit einem Projektvolumen von 5,2 Millionen Euro, wovon 2,7 Millionen Euro vom BMBF stammten.[141] Ganz schön für eine Idee, die weder neu ist und bei deren Umsetzung man auf bestehende Technologien hätte zurückgreifen können.

4.7.3 Pseudogeschäftsmodelle

Am Beispiel des Herstellers von Flurförderfahrzeugen, Lagertechnik und Dienstleistungen der Intralogistik – der Jungheinrich AG – möchten wir dies mit Leben füllen. Diskutiert unter der Überschrift „Industrie 4.0 treibt Logistik an" erläuterte Prof. Michael ten Hompel – geschäftsführender Institutsleiter des Fraunhofer-Instituts für Materialfluss und Logistik (IML) – welche besondere Bedeutung der Informationslogistik bei Industrie 4.0 zukommt.

An dieser Stelle setzte die Jungheinrich AG an und widmet sich dem Thema der Vernetzung mit einem Informationssystem für das Stapler-Management (ISM). Dabei wird der Kunde in die Lage versetzt, seine Staplerflotte standort- und länderübergreifend zu kontrollieren, zu steuern und die Sicherheit im Lager zu erhöhen, so lautet das Produktversprechen.[142]

139 Vgl. Hartbrich, I. / Steiger, H.: Der Stechuhr letztes Stündlein hat geschlagen, in: VDI Nachrichten, 2014, Nr. 26, S. 10.
140 Vgl. Fraunhofer IAO: Drei Pilotanwendungen zeigen Potenziale der Industrie 4.0, http://www.iao.fraunhofer.de/lang-de/index.php?option=com_content&view=article&id=1644&lang=de, Zugriff am 17.04.2016.
141 Vgl. Reinhart, W.: Industrie 4.0 – Projekt läuft!, http://www.computer-automation.de/unternehmensebene/engineering/artikel/95527/, Zugriff am 17.04.2016.
142 Vgl. Hiemer, K.: Industrie 4.0 treibt Logistik an, in: Produktion, 2013, Nr. 44, S. 1.

Praktische Umsetzung: Dazu muss sich einer unserer Mitarbeiter jedes Mal in das Webportal von Jungheinrich einloggen und kann die Einsatzdaten der Flurförderfahrzeuge dort einsehen und Reportingmöglichkeiten nutzen.

Nun wirft dieses Geschäftsmodell mehrere Fragen auf. Stellen wir uns dazu vor, wir betreiben ein Unternehmen mit weltweiten Standorten. Welchen Mehrwert generiert dieses Produkt für unser Unternehmen, wenn wir wissen, wo sich welcher Stapler im 6800 Kilometer entfernten Werk im US-amerikanischen Indianapolis befindet?

Oder aber, ob Staplerfahrer 336699 – namentlich Peter – eine „unwirtschaftliche" Route über das Außengelände wählt. Er wird aus seiner Berufserfahrung heraus das richtige Flurförderfahrzug für seine Tätigkeit auswählen und gute Gründe dafür haben, pro Schicht 8 Kilometer Umweg zu fahren. Vertrauen und Wertschätzung statt Komplettüberwachung im Webportal aus der Ferne.

Wir meinen: ein System, das allenfalls den Status eines Nischenproduktes einnehmen wird. Dennoch – was sollte der Vertriebsleiter von Jungheinrich auch anderes sagen – besteht auf dem Markt „ein sehr großes Interesse" an dieser Entwicklung.[143]

Die Trittbrettfahrer holen alte Sachen aus dem Keller – oder von besagtem Dachboden – entstauben sie, versehen sie mit dem Industrie 4.0-Etikett und hoffen auf eine leichtgläubige Kundschaft. Sie banalisieren das Thema und verwässern die Begriffe. Alles ist Industrie 4.0 und disruptiv sowieso. Der Mittelstand aber hat ein untrügliches Gespür dafür, ob etwas schlüssig ist oder nicht. Und das, was sich die Trittbrettfahrer leisten, trägt nicht dazu bei, die latent vorhandene Skepsis zu beseitigen. Im Gegenteil.

143 Hiemer, K.: Industrie 4.0 treibt Logistik an, in: a.a.O.

4.8 Cloud-Anbieter

Es erscheint wenig verwunderlich, dass Cloud-Anbieter der Auffassung sind, dass die Cloud als zentraler Datenspeicher fester Bestandteil der Betriebsstrategie bei Industrie 4.0 ist. Ebenso wenig überrascht es, dass diese Cloud-Umgebung dieser Anbieter durch ein eigenes Sicherheitskonzept dem Nutzer versprechen soll, auf die Security-Problemstellungen von Industrie 4.0 eine Antwort bereit zu halten, doch dazu auch hier später mehr.[144]

Wir betrachten also das, was bei Industrie 4.0 der erstrebenswerteste Ort des Geschehens sein soll: die Cloud als solche. Es schlägt die Stunde der IT-Vertriebsprofis. Lassen wir ein paar ihrer Aussagen auf uns wirken:

- Diverse Sicherheitszertifikate (EuroCloud, ISO 2700x usw.) bescheinigen deutschen Unternehmen einen eingehaltenen Sicherheitsstandard.[145]
- Sicherheit in der Cloud ist realisierbar, da die hochskalierbaren Lösungen von Profis betrieben werden.[146]
- Die Sammlung und der Transport großer Datenmengen als Resultat stärkerer Vernetzung und dezentraler Steuerungen sind über die Cloud technisch gelöst.[147]

Durch das Schlagwort Industrie 4.0 angezogen, wie Motten vom Licht, melden sie sich lautstark zu Wort. Sie wissen – ebenso wie alle anderen – noch gar nicht so genau, was Industrie 4.0 ist. Was sie im Gegenzug aber ganz genau wissen, ist, dass man dafür unbedingt Cloud-Lösungen braucht. Den schlüssigen Nachweis, dass Industrie 4.0 ohne Cloud nicht geht, bleiben diese Vertriebsprofis schuldig. Ausführlich werden wir uns dem Thema Cloud noch widmen.

144 Vgl. Zimory: Cloud Computing & Industrie 4.0, http://www.zimory.com/loesungen/warum-zimory/cloud-computing-industrie-40.html, Zugriff am 13.02.2016.

145 Vgl. Kellerhoff, P.: Hohe Sicherheit verschafft deutschen Cloud-Anbietern Standortvorteile, in: VDI Nachrichten, 2013, Nr. 41, S. 9.

146 Vgl. Girschner, S.: Hat Snowden-Weckruf die deutsche Industrie erreicht? in: Produktion, 2013, Nr. 43, S. 6.

147 Vgl. Schürmann, H.: Industrie 4.0 ist auf dem besten Weg in die Praxis, in: VDI Nachrichten, 2014, Nr. 3, S. 7.

4.9 Unternehmensberater

Sie können einem ja schon leidtun, die Consulter, denn sie ahnen, dass man sie nicht mehr braucht. In einer Welt des allgemein verfügbaren Wissens kann der Erklärbär nämlich in der Höhle bleiben.

Die Unternehmensberater haben Industrie 4.0 weder vorausgesehen noch leisten sie hier inhaltliche Beiträge. Ja, wie denn auch? Schließlich geht es hier um handfeste Vernetzung von technischen Systemen und nicht um die Erstellung von PowerPoint-Präsentationen. Was die Consulter aber nicht davon abhält – einem tief innewohnenden Reflex folgend – die Deutungshoheit über dieses Thema zu beanspruchen. Und so halten sie im Wochentakt mit immer neuen empirischen Studien zum Thema das Publikum in Atem. Die Berater sind in Bedrängnis. Wenn der Unternehmer „Industrie 4.0 in a box" kaufen kann, wozu braucht er dann noch eine Unternehmensberatung? Gerade diejenigen, die uns regelmäßig sagen, die Welt sei wenig greifbar und schon gar nicht vorhersagbar, können uns – auf zehn Millionen Euro genau – sagen, wie sich Marktvolumina in einigen Jahren entwickeln. Dabei werden augenscheinlich mehr als abenteuerliche Kalkulationsmodelle bemüht.

Betrachten wir dazu kurz die Prognose für das Cloud Computing: Während die IDC[148] das Marktvolumen weltweit für das Jahr 2017 mit 106,8 Milliarden US-Dollar vorhersagt[149], soll laut Gartner – veröffentlicht im Forbes Magazin – das weltweite Cloud Computing bereits im Jahr 2016 einen Umsatz von 209,98 Milliarden US-Dollar aufweisen.[150] Lässt man diese Werte einen Moment auf sich wirken, versetzt es einen in bloßes Staunen. Weder wird der Umsatz mit Cloud Computing im Jahr 2016 den Wert von 209,**99** noch 209,**97** betragen, nein, denn es sind voraussichtlich exakt 209,**98** Milliarden US-Dollar.

148 International Data Corporation.

149 Vgl. Matzer, M.: Der deutsche Cloudmarkt wächst, doch die Fertigungsindustrie hinkt hinterher, in: VDI Nachrichten, 2014, Nr. 36, S. 10.

150 Forbes (Hrsg.): Umsatz mit Cloud Computing** weltweit von 2009 bis 2016 (in Milliarden US-Dollar), http://de.statista.com/statistik/daten/studie/195760/umfrage/umsatz-mit-cloud-computing-weltweit-seit-2009/, Zugriff am 15.10.2015.

Die Consulter sehen das große Geschäft, selbst wenn man sich branchenintern wohl nicht sicher ist, wie groß es vermutlich sein wird. Versprochen wurde, dass Cloud Computing in Deutschland rasant um rund 35 Prozent pro Jahr ansteigen[151] oder aber der Umsatz mit Internetservices auf knapp 260 Prozent in nur drei Jahren herangewachsen sein wird.[152]

Allein die Anwender sind skeptisch. Mehr noch: Sie fühlen sich gedrängt. Hinter vorgehaltener Hand ist bereits die Rede von „Industrie 4.0-Drückerkolonnen", die zunächst unter dem Stichwort „Kostenreduktion" – beispielhaft durch die Nutzung von Cloud-Technologie – auf Gier setzen, und wo das nicht hilft auf Angst – nach dem Zitat von BITKOM-Präsident (2011 bis 2015) Prof. Dieter Kempf: „Wenn wir Industrie 4.0 nicht umsetzen, dann machen es andere. Und wenn wir es umsetzten, müssen wir es schnell tun (...)."[153]

4.10 Wissensdienstleister und Medien

Unter Wissensdienstleistern wollen wir Anbieter von Seminaren, Kongressen und Tagungen verstehen. Diese sind zwar nicht immer klar von Medien und Beratungen zu unterscheiden – dennoch wollen wir es versuchen. Industrie 4.0-Seminarreihen sollen die Teilnehmer vor allem mit Technologien vertraut machen. Hochkarätig besetzt erläutern Professoren von Lehrstühlen für Automatisierung und Informationssysteme der Zielgruppe Mittelstand darin, warum Technologien und Methoden für intelligente und adaptive Systeme die Basis für Industrie 4.0 sind.[154]

Anderenorts möchte man über Industrie 4.0 Effizienzsteigerung, Industrie 4.0 Energiemanagement, Industrie 4.0 TPM & Quality oder aber den Industrie 4.0 Informationsfluss sprechen. Schauen wir noch ge-

151 Vgl. Kellerhoff, P.: Hohe Sicherheit verschafft deutschen Cloud-Anbietern Standortvorteile, in: a.a.O.
152 Vgl. Kellerhoff, P.: a.a.O., S. 9.
153 Vgl. Bauer, W. et. al.: Industrie 4.0 – Volkswirtschaftliches Potenzial für Deutschland, 2014,S. 5, a.a.O.
154 Vgl. Vogel Business Media: Industrie 4.0 – Das Seminar, http://www.b2bseminare.de/technik-und-it/industrie-40--das-seminar, Zugriff am 14.02.2016.

nauer ins Programmheft, sehen Seminare mit dem Titel „Industrie 4.0 Effizienzsteigerung" Unterpunkte wie Taktzeitanalyse oder aber den kontinuierlichen Verbesserungsprozesse (KVP) vor.[155]

Seit den 1990er Jahren unterhalten wir uns hierzulande über die kontinuierliche und schrittweise Verbesserung mit dem Bestreben, unsere Produkt-, Prozess- und Servicequalität zu steigern – und dabei den Mitarbeiter nicht aus den Augen zu verlieren. Fort- und Weiterbildungsangebote versuchen, aktuell ihren Kursen (r)evolutionären Charakter zu verleihen, indem bekannte Inhalte mit dem Seminarzusatz „Industrie 4.0" versehen werden. In kaum einem Anmeldeformular können wir jedoch einen Haken bei „neue datenbasierte Geschäftsmodelle entwickeln" setzen. Das ist auch wenig verwunderlich. Dieser Prozess bedarf unternehmensindividueller Kreativität und ist so unterschiedlich wie die Unternehmen mit ihren spezifischen Produkt- und Dienstleistungsangeboten selbst.

Statt aktiv innovative Geschäftsmodelle entwickeln zu müssen, locken Seminarreihen und klassische Fort- und Weiterbildungsangebote mit dem komfortablen Platz als passiver Wissenskonsument im Seminarraum. Technologiefokussiert suggerieren Angebote wie diese, die Lösung oder das Know-how könne man kaufen. Das Industrie 4.0-Starter Kit lässt grüßen.

In der Sorge vor Teilnehmerschwund versäumt es eigentlich kein Seminaranbieter, das Thema Industrie 4.0 behandeln zu lassen. So sieht sich auf Produktionstagungen manch ein Vortragsredner genötigt, (Naja, wir wollen nicht übertreiben. Sagen wir lieber: höflich darum gebeten) in seinen Fachvortrag das Thema Industrie 4.0 irgendwie einzubauen. Dies wird dann halt auch dem Veranstalter zuliebe pflichtschuldigst – und mit für das Publikum deutlich zu spürendem Unbehagen – gemacht.

Die bei dieser Gelegenheit vom Vortragenden vorgestellten Lösungen sind in der Regel gar nicht mal so schlecht, haben auch einen gewis-

155 Vgl. SDI-Projekt Automation GmbH: Seminare 2015 Industrie 4.0, https://www.sdi-project.de/anwendung-von-industrie-4-0/, Zugriff am 14.02.2016.

sen Bezug zur Vernetzung: Der Bezug zu Industrie 4.0 wirkt aber nicht selten recht konstruiert bzw. ist kaum zu erkennen. Was ja auch gar nicht der Anspruch der Vortragenden ist – schließlich folgen sie ja nur der Bitte des Veranstalters. Auch dies trägt nicht dazu bei, unbeteiligte Dritte mitzureißen.

Die Wissensdienstleister bieten damit auch – unbeabsichtigt oder billigend in Kauf nehmend – den Trittbrettfahrern eine gut ausgeleuchtete Bühne, um mit ihren alten Dingen – nun mit einem Industrie 4.0-Label versehen – die Zuhörerschaft wahlweise zu langweilen oder zu enttäuschen.

Unser Blick auf die Besetzungsliste lässt noch eine bestimmte Personengruppe vermissen. Jene, die das Programmheft zu Industrie 4.0 schrieb: die Medien. Dabei enttäuschte die Fachpresse mit ihrer Berichterstattung zu Industrie 4.0.

Sie bereiteten das Parkett für Selbstdarsteller, die es so schafften, einen Fachbeitrag über die Notwendigkeit offener Standards zu einer Verkaufsveranstaltung für das eigene und einzigartige Produkt zu machen. Auch wenn beteiligte Automatisierer die Befürchtung teilen, dass es an offenen Systemen und unabhängigen Standards mangelt, die am Ende des Tages zu einer Überschwemmung des Marktes mit verschiedenen Industrie 4.0-Ausführungen führen kann.

Gerne berichtete man über käuflich erwerbbare Lösungen, um die Zukunftsvision von Industrie 4.0 Realität werden zu lassen. Das Problem, so wurde herausgestellt, ist die Interoperabilität zwischen den Systemen.[156] In den Folgewochen stand man dennoch gerne zu Einzelinterviews mit eben diesen Unternehmen bereit, um ihre herausragende und vor allem souveräne Position bei Industrie 4.0 darzustellen.

Der Fingerzeig mangelnder Interoperabilität – so drängt sich das Gefühl auf – war allenfalls mahnend für andere gemeint. Nur eine Woche nach angeführtem Fachbeitrag wurde ein Interview mit der Firma

156 Vgl. Spinnarke, S.: Zukunft Industrie 4.0: ohne Standards?, in: Produktion, 2013, Nr. 33-34, S. 1.

Beckhoff veröffentlicht. Titel: „Für uns ist Interoperabilität nicht neu." Darin gibt man zum Besten, dass eine Spritzgussmaschine eben nur mit der eigenen XFC-Technologie noch effizienter mit mehr Durchsatz und Materialeinsparung produzieren kann und es keine unlösbaren technischen Hürden für Beckhoff gibt.[157]

Weitere sechs Wochen später wird „Phoenix Contact auf dem Weg zur Mega-Factory" präsentiert. Demnach unterstützen alle Produkte aus der Automatisierungstechnik von Phoenix Contact Industrie 4.0-Aspekte.[158]

Beide Beispiele haben wir bereits oberhalb unter den Fabrikausrüstern angeführt. Bemerkenswert ist, in welchem medialen Zusammenhang den Unternehmen die Chance zur Profilierung vor dem zunächst düsteren Bild mangelnder Interoperabilitätslösungen ermöglicht wurde.

Die Angst, „Industrie 4.0-ohne Standards" würde scheitern, konnte uns also doch – den Medien sei Dank – genommen werden. Spätestens durch das strahlende Erscheinen des Phoenix (Contact) aus der Asche. Oder etwa nicht?

Ein anderer Beitrag wartete mit einer kleinen Grafik auf. Als Siegeszug wird darin fälschlicherweise gepriesen, dass es geschafft wurde, die Durchlaufzeit um 10 Prozent zu erhöhen [sic!].[159]

Den Höhepunkt und gleichermaßen Moment, bei dem wir uns hinsetzten mussten, stellte folgende Veröffentlichung dar: Aus einer Studie von PricewaterhouseCoopers (PwC) mit dem ursprünglichen Titel „Deutschland hinkt bei Industrie 4.0 hinterher – Smart Factory etabliert sich nur langsam" wurde ein Beitrag mit der Überschrift „Konzerne sind Vorreiter bei 4.0" kreiert. Inhaltlich laviert man dabei um die von PwC aufgezeigten Risiken und Bedenken – ganz im Sinne der neuen Überschrift – herum. Kernaussagen mit dem nötigen Realitätsbezug aus der

157 Vgl. Spinnarke, S.: „Für uns ist Interoperabilität nicht neu", in: a.a.O.
158 Vgl. Spinnarke, S.: Phoenix Contact auf dem Weg zur Mega-Factory, in: a.a.O.
159 Vgl. Spinnarke, S.: Montage 4.0: Kein Griff umsonst, in: Produktion, 2014, Nr. 43, S. 6 f.

Originalstudie wie die Folgenden werden ausgelassen: „In vernetzten Steuersystemen werden Anwendungen zwangsläufig angreifbar", Hürden stellen Kosten und fehlendes Know-how oder aber der Zeitbedarf für eine Umsetzung dar.[160]

Die Art und Qualität der Berichterstattung stellte somit insbesondere für eine fachfremde, oder aber sporadisch interessierte Leserschaft vielfach ein unbewusstes Risiko dar. Die sinnentstellende Wiedergabe am Beispiel der angeführten PwC-Studie regt zum Nachdenken an.

Wir verstehen das: Vor lauter Euphorie darüber, Protokollant einer Revolution sein zu dürfen, kann man ja schon einmal gut und schlecht miteinander verwechseln. Sollte dies aber als Erklärung nicht ausreichend sein, sei an dieser Stelle vorsorglich auf die im Pressegesetz eingeforderte Sorgfaltspflicht hingewiesen, die natürlich auch in Zeiten revolutionärer Veränderungen gilt.

4.11 Die Angst im Nacken

Hätten sie es gedacht? Industrie 4.0 erzeugt hierzulande keine Aufbruchstimmung, sondern Angst.

Die Bundesregierung hat Angst, einen wichtigen Trend zu verpassen; kein Forschungsminister, kein Wirtschaftsminister möchte sich schließlich dem Vorwurf aussetzen, nicht alles für die Zukunftsfähigkeit unserer Industrie getan zu haben. Deshalb lassen sie sich von den Fabrikausrüstern und der Forschung vor sich her treiben und überschütten die selbsternannten Experten auf diesem Gebiet mit üppigen Forschungsmitteln. Auch die Medien haben Angst. Angst davor, durch Ausklammern dieses Themas Auflage bzw. Clicks zu verlieren – und damit Werbeeinnahmen. Wissensdienstleister, wie Veranstalter von Tagungen, haben Angst. Angst vor Teilnehmerschwund, wenn sich das Thema Industrie

160 Vgl. o.V.: Konzerne sind Vorreiter bei 4.0, in: Produktion, 2013, Nr. 50, S. 29.
[Anmerkung: Originalstudie: Vgl. Fischer, D.: Deutschland hinkt bei Industrie 4.0 hinterher, http://www.presseportal.de/pm/8664/2597380, Zugriff am 21.04.2016.]

4.0 nicht irgendwie im Thema der Veranstaltung, mindestens aber in Vortragsinhalten wiederfindet.

Somit schaffen Medien und Wissensdienstleister ungewollt eine Plattform für Trittbrettfahrer, Rosstäuscher und Verkäufer von altem Wein in neuen Schläuchen.

Auch Einkäufer haben Angst. Angst davor, durch eine leichtfertige Freigabe einer Bestellung dafür zu sorgen, dass nicht zukunftsfähige Komponenten geliefert werden. Deshalb findet sich jetzt in Einkaufsbedingungen die Verpflichtung des Lieferanten, sicherzustellen, dass seine Komponenten Industrie 4.0-fähig sind. Da keiner so richtig weiß, was das ist – die Einkäufer in der Regel schon gar nicht – können die Lieferanten diesen Bedingungen auch guten Gewissens zustimmen.

4.12 Industrie 4.0 und die scheuen Zaungäste

Nachdem wir uns nunmehr damit beschäftigt haben, wen wir auf der Industrie 4.0-Bühne antreffen, drängt sich die Frage nach dem adressierten Publikum auf. Für wen ist dieser Auftritt eigentlich gedacht? Die Antwort wurde uns bereits viele Jahre zuvor – im Rahmen der Hightech-Strategie für Deutschland – mitgeliefert. Deutschland, so lautete das bereits erwähnte hehre Ziel, sollte bis zum Jahr 2020 zur forschungsfreudigsten Nation der Welt werden. Insbesondere die Forschungs- und Entwicklungsaktivitäten der KMU am Standort Deutschland galt es auszubauen. Konkret schlug man im Strategiepapier des Bundesministeriums Folgendes vor:[161]

- „Innovationsbeteiligung kleiner und mittlerer Unternehmen erhöhen"
- „Innovationskompetenz kleiner und mittlerer Unternehmen stärken"

161 Bundesministerium für Bildung und Forschung (Hrsg.): Die Hightech-Strategie für Deutschland, 2006, S. 2 u. S. 15 ff., http://www.bmbf.de/pubRD/bmbf_hts_lang.pdf, Zugriff am 02.09.2015.

- „Förderung von FuE[162] und Innovation in KMU ausbauen"
- „Innovationskraft der KMU in den neuen Ländern stärken"
- „KMU-Beteiligung in den Fachprogrammen der Forschungsförderung ausbauen"

Dieses Vorhaben kann man durchaus als lobenswert bezeichnen. Betrachten wir die Struktur der deutschen Wirtschaft, wird dies – über jeden Zweifel erhaben – auch deutlich. 99,6 Prozent der deutschen Unternehmen sind zu der Gruppe der kleinen und mittleren Unternehmen zugehörig und steuern 56,6 Prozent zur gesamtwirtschaftlichen Leistung bei.[163] Worüber wir folglich sprechen möchten, ist der Mittelstand. Aufgrund der enorm hohen Schnittmenge zu den KMU, möchten wir beide Begriffe in Folge synonym verwenden.

Begonnen im Jahr 2006 entstand aus zunächst zusammenhanglos erscheinenden Forschungsfeldern der Hightech-Strategie über die Jahre sukzessive ein Konglomerat aus Technologien, das die heutigen Inhalte von Industrie 4.0 erklärt. Vieles davon ist, wie wir bereits oberhalb angeführt haben, käuflich zu erwerben. Hervorgegangen aus oftmals mit Fördergeldern ausgestatteter, kooperativer Entwicklungstätigkeit von Fabrikausrüstern, Forschungseinrichtungen und Ideengebern quer durch die Reihen. Die Linie, die wir ziehen möchten, grenzt daher konsequenterweise wie folgt ab:

Auf der Anbieterseite sehen wir Fabrikausrüster, Forschungseinrichtungen und Wissensdienstleister, die ihre maßgeschneiderten – technologiefokussierten – Industrie 4.0-Konzepte vertreiben wollen und müssen. Nicht zuletzt wenn wir uns daran erinnern, dass allein die Firma Festo im Jahr 2014 nach eigenen Angaben rund 130 Millionen Euro in Forschung und Entwicklung für Industrie 4.0 investiert hat, erscheint dies schlusslogisch. Ein Markt bedingt neben diesem Angebot nun eine entsprechende Nachfrage. Dies führt uns zurück zum bereits kennengelernten Mittelstand. Eben jene 99,6 Prozent der deutschen

162 FuE= Forschung und Entwicklung.

163 Vgl. BMWi: Wirtschaftsmotor Mittelstand, https://www.bmwi.de/BMWi/Redaktion/PDF/W/wirtschaftsmotor-mittelstand-zahlen-und-fakten-zu-den-deutschen-kmu,property=pdf,bereich=bmwi2012,sprache=de,rwb=true.pdf, Zugriff am 12.05.2015.

Unternehmen, die – so hoffte man – flächendeckend den Schritt zu Industrie 4.0 durch Technisierung gehen möchten.

Das Problem, das die Anbieter in den Folgejahren begleitete, bestand darin, dass sich der Mittelstand – abseits von mittelständischen Fabrikausrüstern – nicht an Industrie 4.0 beteiligte. Weder griff man im gewünschten Maße zum Produktkatalog noch beteiligte sich die Zielgruppe am politisch eingeforderten Dialog.

Dieser Umstand war, wenn auch mit sieben Jahren Zeitversatz nach Gründung der bereits kennengelernten Forschungsunion, in die Politik durchgedrungen. Die Überlegung: Wenn man spezifisch eine bestimmte Zielgruppe fördern möchte, wäre es doch mit Bestimmtheit ratsam, einen Weg gemeinsam mit Repräsentanten dieser zu skizzieren.

Um an dieser Stelle nachzuhaken, wendeten sich diverse Abgeordnete an die Bundesregierung. Nachzulesen und frei zugänglich als Bundestagsdrucksache des Deutschen Bundestages. Dabei handelt es sich zumeist um tendenziell weniger spannende Lektüre. Anders jedoch im Falle der Drucksache 17/12245, veröffentlicht am 01.02.2013 als Antwort der Bundesregierung auf die große Anfrage zur Situation des Mittelstandes. Zwei Auszüge möchten wir Ihnen zunächst vorstellen:

Frage 98: „Welche Ziele verfolgt die Bundesregierung mit dem kürzlich vorgestellten Aktionsplan zur Hightechstrategie [sic!] mit Blick auf die KMU?"

Antwort: „(...) Die Bundesregierung legt bei der Umsetzung des HTS-Aktionsplans durch die Förderung von Forschungsprojekten großen Wert auf die Beteiligung von KMU. So zielt beispielsweise das Zukunftsprojekt Industrie 4.0 dezidiert darauf ab, Produktionstechnologien der Zukunft zu entwickeln und so den mittelständisch geprägten Maschinenbau weiter zu stärken."[164]

164 Antwort der Bundesregierung – Situation des Mittelstands, BT-Drs. 17/12245, 2013, S. 53 f.

Frage 99: „Wie schätzt die Bundesregierung die Tatsache ein, dass **in der Forschungsunion,** dem höchsten innovationspolitischen Beratungsgremium der Bundesregierung, **kein KMU vertreten ist**?

Antwort: „(...) Von den 14 Mitgliedern aus der Wirtschaft hat ein Teil in seinem beruflichen Werdegang Unternehmen gegründet oder Aufgaben in kleinen, mittleren wie großen Unternehmen wahrgenommen. Professor Dr. August-Wilhelm Scheer z. B. kennt als Gründer der IDS Scheer AG sowie als Gründer und Vorsitzender des Aufsichtsrates der IMC AG mit gegenwärtig 170 Mitarbeitern sowohl die Belange von größeren wie kleineren Unternehmen. Susanne Kunschert (Pilz GmbH & Co. KG) und Dr. Manfred Wittenstein (Wittenstein AG) bringen den Hintergrund zweier hoch innovativer Familienunternehmen in die FU ein. **Insofern werden in der FU auch die Interessen von KMU mit hoher Kompetenz vertreten**."[165]

Insbesondere den letzten Satz möchten wir genauer betrachten. Vertreten im höchsten innovationspolitischen Beratungsgremium waren Mittelständler. Doch eben solche, die die Sicht der Anbieterseite in die Waagschale legten. Ob die Firma Pilz, als Anbieter für Automatisierungstechnik aus Ostfildern, oder aber die bereits kennengelernte Firma Wittenstein, die sich als Wegbereiter der Industrie 4.0 durch intelligente und anschlussfähige mechatronische Systeme versteht.

Um die Anfrage gebührend zu beantworten, benennt man weiterhin die IMC AG, mit 170 Mitarbeitern des Gründers Scheer (und bis 2011 Präsident des BITKOM e.V.) als Beweis echter KMU-Expertise. Es ist genau die Stimme des Mittelstands, die zu CIM-Zeiten die Idee des CIM-Pakets aus der Wiege hob. Und genau die gleiche Stimme, die die faktisch falsche Einschätzung propagierte, dass CIM zur Überlebensfrage des Mittelstands werden sollte. Die CIM-Pointe kennen wir bereits ausführlich.

165 BT-Drs.: 17/12245, a.a.O., S. 54.

Diese Anmerkung zu besagten Unternehmen und Personen ist dabei in keiner Weise despektierlich gemeint. Zur Abbildung von Geschäftsprozessen ist das ARIS Toolset – entwickelt im Hause Scheer – ein Meilenstein, den man in Fachkreisen weder erklären muss noch dessen synergetischen Nutzen im Zusammenspiel mit anderen Softwarelösungen infrage stellen würde.

Aber, und darauf kommt es an: Soll Industrie 4.0 den Mittelstand stärken, sollte eben dieser definieren, wie seine Zukunft aussehen soll und welche Unterstützung er dazu benötigt – abseits von Beratern oder Anbietern von Industrie 4.0-Schlüsselfertigbaulösungen. Unverstanden hielten mittelständische Unternehmen sich bei Industrie 4.0-Vorhaben dezent im Hintergrund auf. Sie sind die scheuen Zaungäste: nicht mehr. Dabei war es doch ganz anders gemeint. Industrie 4.0 sollte nach dem Willen der Bundesregierung – und damit natürlich aller Initiativen und Allianzen – genau für diese Unternehmen der große Wurf in Richtung Zukunft sein. Folglich begab man sich auf die Suche von Gründen und Argumenten für Industrie 4.0 – und gegen eine gefühlte Beratungsresistenz des Mittelstands.

Dazu hatte man bereits vor der regierungsamtlich ausgerufenen Revolution 4.0 auf Ansage konkrete Ideen. Begonnen in der Hightech-Strategie für Deutschland sollten – aus Sicht des Bundesministeriums für Bildung und Forschung – KMU insbesondere durch Verbundprojekte mit Großunternehmen der Zugang zu globalen Märkten ermöglicht werden, und ihnen die Chance eingeräumt werden, als Zulieferer ins Geschäft zu kommen.[166]

Was wir davon halten? Um einen solchen Satz absondern zu können, müssen Sie zwei Dinge tun: Sie dürfen nicht an die frische Luft gehen und Sie müssen genau darauf achten, dass Ihr Hirn keinerlei Kontakt mit Fakten bekommt.

- Wenn irgendjemand Marktchancen erkennt und diese schnell nutzt, dann doch wohl unsere KMU!

166 Vgl. BMBF, Die Hightech-Strategie für Deutschland, a.a.O., S. 28.

- Wenn irgendjemand innovativ ist, dann doch wohl unsere KMU!
- Wenn irgendjemand international unterwegs ist, dann doch wohl unsere KMU!

Ferner müssen wir annehmen, dass es den ein oder anderen jetzt verwundern mag, dass auch in solchen Unternehmen Mitarbeiter arbeiten, die Fremdsprachen mächtig sind und in der Vergangenheit bewiesen haben, dass „globale Märkte" für sie kein Buch mit sieben Siegeln darstellen.

Ganz im Gegenteil. Durch ihre systemimmanente Agilität sind gerade diese Unternehmen hervorragend in der Lage, kundenindividuelle Lösungen in weltweiten Nischenmärkten zu finden. Bereits im Jahr 2010 war gut jedes zweite (47 Prozent) Kleinunternehmen sowie 68 Prozent der mittleren Unternehmen im Exportgeschäft tätig.[167] Erinnern Sie sich noch an Robert Bosch? Bereits kurz nach der Jahrhundertwende erwirtschaftete Bosch in Summe 88 Prozent seines Umsatzes außerhalb von Deutschland.

Dem erfolgreichen KMU-Geschäftsführer wird bei der Vision, die Zukunft seines Unternehmens liege also maßgeblich darin, mit Großkonzernen zu kooperieren, um sich den Zugang zu globalen Märkten zu erschließen, die eine oder andere Frage aufdrängen. Warum sollten KMU künftig ihr wertvollstes Gut, ihre Innovation, mit Großkonzernen in Verbundprojekten teilen und dieses Wissen im schlimmsten Falle noch in einer Cloud bevorraten, wie wir später noch ausführlich thematisieren werden? Der äußerst restriktive Umgang mit Forschungs- und Entwicklungsdaten schützt immerhin schon viele Jahrzehnte erfolgreich die Existenzgrundlage der Unternehmen.

Aus Industrie 4.0-Sicht liegt genau hierin ein elementares Problem: Was also machen, wenn der eigentliche Star die Manege aus nachvollziehbaren Gründen nicht betreten möchte? Die Bundesregierung, die Fachwelt, der interessierte Steuerzahler u.a. erwarteten indes mit

167 Vgl. Hoffmann, M.; Holz, M.; Kranzusch, P.: Außenwirtschaftsaktivitäten von kleinen und mittleren Unternehmen im Lichte der amtlichen Statistik, in: Institut für Mittelstandsforschung Bonn (Hrsg.): Daten und Fakten, 2013, Nr. 9.

Spannung den Moment, in dem man Industrie 4.0-Erfolge feiern konnte. Tatsächlich mangelte es im Rampenlicht von Industrie 4.0 maßgeblich an Stimmen derer, die man doch von der ersten Stunde an fördern wollte. Bevor wir uns den Beweggründen widmen, aus denen sich der Mittelstand tatsächlich zurückhält, möchten wir Ihnen einen kleinen Eindruck darüber vermitteln, wie der Mittelstand in den letzten Jahren durch die Medien dargestellt wurde.

Sammeln wir dazu die Attribute veröffentlichter Fachbeiträge quer durch die Bank der Wirtschaftsmagazine und Fachzeitschriften ein, dann lauten die Gründe, warum der Mittelstand bei Industrie 4.0 nicht vorkommt wie folgt.[168] „Verband schlägt Alarm", der Mittelstand ist: **überfordert, ignorant, ängstlich** und **zögernd**.

Möchten wir dieses Stimmungsbild noch durch eine Aussage der Cloud-Anbieter abrunden, hören wir auch hier: Der Mittelstand **braucht Hilfe, hat Hemmungen, auf Basis fehlender Fachkräfte, Zurückhaltung** oder **Skepsis** und muss überzeugt werden, Technologien von Leitanbietern zu nutzen.[169]

Man redet auf ihn ein, wie auf einen lahmen Gaul. Dabei muss sich der deutsche Mittelstand – und unter ihm eine große Anzahl an kleinen und mittleren Unternehmen – nicht den Vorwurf machen, er würde schläfrig sein. Er ist das innovative Rückgrat der äußerst erfolgreichen deutschen Industrie, das mehr als jeden zweiten Euro in Deutschland erwirtschaftet.

Ebenso wie bei den Anbietern von Fabrikautomation suchte man erneut nach einer Möglichkeit, den Skeptikern aufzuzeigen, dass sie mit ihrer Zurückhaltung bei Industrie 4.0 allein sind. Zeit für werbewirksame Statistik. So z.B. beim IT Innovation Readiness Index. Dieser wird jährlich durch das Marktanalyse- und Beratungsunternehmen Pierre Audoin Consultants und Freudenberg IT[170] erhoben. Auf Zahlenwerte

168 Sollten Sie Interesse an den Beiträgen haben, welche dieses Bild durch die gewählten Überschriften formten, lassen Sie es uns durch eine Nachricht wissen. Gerne vertiefen wir dieses Thema.

169 Vgl. Weiss, H.: Cloud-Computing: Anbieter reagieren auf Sicherheitsbedenken der Unternehmen, in: VDI Nachrichten, 2014, Nr. 19, S. 12.

170 IT Full-Service Anbieter.

dieses Industrie 4.0-Barometers wird allzu gerne in Artikeln referenziert und auf die respektablen Fortschritte bei Industrie 4.0 abgestellt. Lassen Sie uns einen Blick auf die Erhebungsdaten werfen: Es lohnt sich.

Im Jahr 2013 wurden 141 Unternehmen befragt. Davon waren 48 Prozent in der Größenklasse von 250-499 Mitarbeitern, und 52 Prozent in der Klasse von 500-4999.[171] Weiterhin konnte man der Studie entnehmen – und hier kommt die eigentliche Botschaft – dass die **Industrie 4.0-Bereitschaft** vor allem **bei** Automotive-**Unternehmen mit mehr als 500 Mitarbeitern** vorhanden war.[172]

Nun stellen Sie sich vor, Sie befragen im Folgejahr – aus welchen Gründen auch immer – nicht die gleichen Unternehmen, sondern ändern die Zusammensetzung derart, dass **im Verhältnis und ebenso absolut mehr Unternehmen mit über 500 Mitarbeitern** befragt werden.[173] Das Ergebnis ist wenig verwunderlich: Im Vergleich zum Vorjahr scheint Industrie 4.0 deutlich stärker im Mittelstand angekommen zu sein. Eine entsprechende Grafik mit dieser Überschrift rundet die Sache dann ab. Toll, oder?

Bei den heilsamen Versprechungen des Cloud Computing hatten wir es oberhalb mit einer Form der Scheinpräzision zu tun. Eine Berechnung auf die zweite Nachkommastelle genau schafft doch Vertrauen und zeugt von Expertise, oder nicht? Bei Statistiken wie dem IT Innovation Readiness Index sollten wir noch zwei weitere Punkte im Hinterkopf behalten und eine gewisse Skepsis gegenüber Berechnungen dieser Art bewahren. So z.B. durch eine Stichprobenverzerrung (Selection Bias). Das Phänomen ist sehr simpel zu erklären. Es kommt zu einer systematischen Verzerrung gegenüber der Grundgesamtheit z.B. aller mittelständischen Unternehmen, da nur erfolgreiche Unternehmen auf einen Fragebogen antworten. Wer also wenig mit Industrie

171 Vgl. Freudenberg IT: IT Innovation Readiness Index, 2014, S. 9, http://www.freudenberg-it.com/fileadmin/Data/IRI_Studie/IRI_2014/Downloads_PDFs/FIT_Press Release_IRI 2014-Ergebnis_10MB_DE.pdf, Zugriff am 09.02.2016.

172 Vgl. Freudenberg IT: IT Innovation Readiness Index, 2013, S. 11, http://www.freudenberg-it.com/fileadmin/Data/IRI_Studie/IRI_2013/it-innovation-readiness-index-2013-studienreport.pdf, Zugriff am 10.02.2016.

173 Im Jahr 2014 wurden n=126 Unternehmen befragt, davon 40% in der Klasse von 250- bis 499 MA und 60% in der Klasse von 500- bis 4999 MA.

4.0 vertraut ist, weil er nicht zu den selbsternannten „Leitanwendern & Leitanbietern" gehört, wird folglich tendenziell dazu neigen, sich der Befragung zu entziehen.

Ringt sich ein solcher Unternehmer dennoch durch, an der Befragung teilzunehmen, kommen wir zum zweiten Punkt, den wir Ihnen aus Sicht der Statistik ans Herz legen möchten.

Die Verzerrung durch das Antwortverhalten (Response Bias). So neigen bspw. befragte Manager bei Antworten zu einer höheren Darstellung erzielter Erfolge, wenn sie befürchten, die Antworten werden im Unternehmen oder darüber hinaus von weiteren Personen gelesen. Auch dieses wenig neue statistische Phänomen konnten wir bei besagter Studie beobachten. Im Jahresvergleich 2013/14 basiert der ausgegebene Indexwert 2014 auf dem Rücklauf von Befragungsbögen mit einem höheren Anteil an Teilnehmern aus dem Managementbereich.[174]

Um es auf dem Punkt zu bringen: Gefallen die Antworten und Zahlen nicht? Dann befragen wir halt Industrie 4.0-affine Unternehmen mit mehr als 500 Mitarbeitern und künftig auch mehr mutige Manager, die selbstbewusst den Haken bei „Ja, wir machen Industrie 4.0" setzen.

Erfreulicherweise geht es auch anders. Ein an der Technischen Hochschule Mittelhessen durchgeführtes Forschungsprojekt im Jahr 2015 erfragte den Stand von Industrie 4.0 in Mittelhessen. Hessen als Bundesland liegt dabei immerhin auf Platz fünf, vergleicht man das Bruttoinlandsprodukt Deutschlands entsprechend der Bundesländer. Wirtschaftskraft ist also ebenso vorhanden wie 162 auskunftsbereite Mittelständler, die in ihrem Antwortverhalten alles andere als „Ja-Sager" waren.

Liest man die Studie, hat man erstmals das Gefühl, der Mittelstand spricht Klartext und hat keinerlei Probleme damit zuzugeben, weder Leitanbieter noch Leitanwender von Industrie 4.0 zu sein. 91 Prozent

174 Vgl. Freudenberg IT: IT Innovation Readiness Index, 2013, S. 11, a.a.O.

der befragten Unternehmen hatten zehn bis maximal 499 Mitarbeiter, wovon knapp mehr als die Hälfte aller befragten Unternehmen nach eigenen Angaben Einzel- und Kleinserienfertiger sind.[175]

Volltreffer! Diese Studie und ihre Inhalte möchten wir wärmstens den politischen Entscheidungsträgern ans Herz legen. Was also sorgt dafür, dass sich diese Unternehmen beim hehren Vorhaben auf dem Weg zur Vierten Industriellen Revolution zurücknehmen? Immerhin sind 74 Prozent der Unternehmen mit dem Begriff vertraut. Die Gründe, warum diese Unternehmen bei Industrie 4.0 nicht aktiv sind, lauten demnach:[176]

- IT-Fachkräfte stehen nicht ausreichend zur Verfügung
- Maschinen sind ungeeignet / zu alt
- Fehlende Standards und Referenzlösungen am Markt

Blicken wir ein wenig auf die Kommunikation zwischen dem Werkstück, das sich eigenständig den Weg durch die Fertigung bahnen soll, und den Maschinen, zeichnet sich in der Realität ein gänzlich anderes Bild ab.

Bei 77 Prozent der Unternehmen tragen die Werkstücke keine elektronischen Informationen. Für über 60 Prozent dieser Unternehmen ist das auch nicht relevant. Gründe sind u.a., weil die Werkstücke aus unterschiedlichen Gründen technisch ungeeignet sind oder aber weil keine Nachweisbarkeit über die Wirtschaftlichkeit der Maschine-Werkstück Kommunikation besteht.

Diese Ergebnisse verwundern uns nicht. Spiegeln sie doch die Realität wider. Interessant sind sie besonders vor dem Hintergrund, dass nur 48 Prozent der befragten Unternehmen dem klassischen Maschinen- und Anlagenbau zuzuordnen sind. Wir möchten die Vermutung zulassen, dass an dieser Stelle sichtbar wird, dass Industrie 4.0 mit seinem

175 Vgl. Sames, G. / Ostertag, W.: Stand von Industrie 4.0 im Mittelstand, 2015, S. 6, http://www.ebusiness-lotse-mittelhessen.de/images/dokumente/Industrie%2040-Studie.pdf, Zugriff am 10.02.2016.

176 Vgl. Sames, G. / Ostertag, W.: Stand von Industrie 4.0 im Mittelstand, 2015, S. 9, a.a.O.

maschinenbaugetriebenen Ansatz den Protagonisten deutlich auf die Füße fällt, weil Unternehmen abseits dieser Branche mit dem sich selbst dirigierenden Werkstück herzlich wenig anfangen können – oder möchten.[177] Weiterhin benannten die gefragten Unternehmen, dass sie sich aufgrund zu alter oder ungeeigneter Maschinen wenig aktiv bei Industrie 4.0 zeigen. Dies möchten wir gerne erläutern. Sollten Sie die Gelegenheit haben, mit diesem Buch, dessen Umschlag annähernd in der Farbe „RAL 6011 Resedagrün" gehalten ist, die Produktionshalle eines deutschen Mittelständlers zu betreten, werden Sie Erstaunliches feststellen.

Häufig, um nicht sogar zu sagen – extrem oft – werden Sie Resedagrün in Form von Maschinen aus den 1980er-Jahren antreffen. Ihre Hersteller heißen auszugsweise Boehringer, Deckel, Flott, Invema, Maho, Mikron, Weisser Heilbronn oder Weipert. Der Maschinenpark im klassischen Mittelstand weist im Vergleich zu jenem der großen OEM aus der Automobilindustrie eine andere Struktur auf. Bei erstgenannten ist er sehr heterogen. Hoch innovative Bearbeitungszentren, die Werkstücke über fünf Achsen bearbeiten können, teilen sich die Werkhalle mit liebevoll gehegten Werkzeugmaschinen aus den 1970er bis 1990er Jahren. Suchen Sie – wenn Sie schon einmal vor Ort sind – bei einem Kaffee das Gespräch zu einem Maschinenbediener oder aber dem Produktionsleiter dieser Maschinenparks, wird man Ihnen gerne erklären, warum das so ist. Wo für den Prototypenbau und die Kleinserienfertigung hoch technisierte – und teure – Fertigungsverfahren zur Anwendung kommen, verspricht die Boehringer Drehmaschine von 1980 seit über 35 Jahren mit einer ungetrübten Präzision bei gelegentlicher Pflege eine Fertigung von Drehteilen. Das Ganze zu einem Buchwert der Maschine von 1 Euro als Erinnerungswert – da schon jahrzehntelang abgeschrieben. Damit ist der Shopfloor solcher Unternehmen nicht per se ungeeignet für eine Vernetzungslösung, sondern stellt eine andere Herausforderung dar, die auf die Vernetzung von Arbeitsplätzen und Mitarbeitern anstatt auf die Vernetzung von Maschinen abzielt.

177 Vgl. Sames, G. / Ostertag, W.: Stand von Industrie 4.0 im Mittelstand, 2015, S. 30 f., a.a.O.

Wenn in der Fertigung folglich nicht alle Maschinen in der Lage sind, die Sprache der Vernetzung zu sprechen, stehen wir mit dem maschinenzentrierten Vernetzungsansatz von Industrie 4.0 am Ende des Tages einem Satz gegenüber, der ein jeder Student der Betriebswirtschaftslehre im Grundstudium lernt: „Der Engpass bestimmt den Gesamtdurchsatz" – erklärt durch folgendes Szenario: Nun erreicht den Geschäftsführer eines oberhalb vorgestellten Unternehmens mit heterogenem Maschinenpark das „Industrie 4.0 in a box" Angebot, das wir oberhalb kennengelernt haben. Bei diesem konnte er in der Basisvariante bis zu drei Maschinen neuerer Bauart vernetzen. Was glauben Sie, wo dieses Angebot umgehend landet? Richtig, im Papierkorb. Andernfalls liegt der „Mehrwert" darin, dass drei 5-Achs-Fräszentren in seinem Prototypenbau völlig vernetzt ihre Daten in Echtzeit austauschen und in der Cloud abbilden, während zehn Meter entfernt mit Metallmagneten am Vormittag ausgedruckte Aufträge an besagte Drehmaschine aus den 1980er-Jahren gehangen werden.

Aus Sicht der Werkzeugmaschinenhersteller bietet Industrie 4.0 folglich ebenfalls das Zeug zum Konjunkturprogramm, indem der Versuch unternommen wird, vernetzungstaugliche Maschinen in der Produktionslandschaft zu platzieren. Dieses Ansinnen wird – abgesehen von notwendigen Ersatz- oder Erweiterungsinvestitionen – scheitern. Lassen Sie uns nochmals auf die Studienergebnisse schauen.

Betrachten wir die Punkte, die den Unternehmen hingegen keine Sorge bereiten, wird es nochmal spannend. Genannt wurden diesbezüglich:[178]

- IT-Sicherheit
- IT-Infrastruktur
- Risiko / Fehlinvestition

Sind die denn naiv? Ihnen fehlen doch IT-Fachkräfte, nach eigenen Angaben. Warum fürchten sie sich denn nicht bei Themen wie IT-Sicherheit und IT-Infrastruktur? Mitnichten sind diese Unternehmen naiv!

178 Vgl. Sames, G. / Ostertag, W.: Stand von Industrie 4.0 im Mittelstand, 2015, S. 10. a.a.O.

Die Antwort wird ebenfalls mitgeliefert. 83 Prozent der Unternehmen vernetzen keine Objekte auf Basis von Internettechnologien.[179] Aber genau das würde man ihnen jedoch viel zu gerne im Rahmen von Industrie 4.0 und dem Internet der Dinge aufoktroyieren.

Vor was sollen diese Unternehmen sich also fürchten, wenn sie nicht den Fehler begehen, inflationär und ohne Sinn und Verstand jegliche Produktions- und Fertigungsdaten in die Cloud hochzuladen, und überall einen heutzutage sinnbildlichen Stecker einzustecken? Ein Hoch auf den Mittelstand! Das Rückgrat der deutschen Wirtschaft scheint glücklicherweise seinen Verstand und Realitätsbezug durch mediale Industrie 4.0-Bestrahlung nicht verloren zu haben.

Mit Industrie 4.0 wurde ein Markt geschaffen, von dem vorzugsweise die Initiatoren profitieren. Es sind Fabrikausrüster und die Forschung, die dieses Thema vorantreiben. Da wundert es nicht, dass nur solche Lösungen entstehen, die sich um das Thema Fabrikperformance drehen. Industrie 4.0-Anwendungen finden fast ausnahmslos bei Fabrikausrüstern statt. Deren Ziel ist klar: Die eigenen Produkte Industrie 4.0-fähig zu machen – was immer dies bedeuten mag – um sie derart etikettiert dem Markt anzubieten. So ist es leicht nachzuvollziehen, dass von den Fabrikausrüstern Industrie 4.0 als hochwillkommenes Konjunkturprogramm verstanden wird. Es ist ein geschlossener Kreis, der sich seit jenem denkwürdigen Tag auf der Hannover Messe 2011 gegenseitig auf die Schultern klopft, dabei aber unverdrossen divergierende Einzelinteressen verfolgt.

Die Angst, den Goldrausch zu verpassen, lockt viele an. Das Narrenschiff sticht in See – ohne Ziel und ohne Kompass – und alle wollen mit. Alle? Nein, denn ausgerechnet diejenigen, um die es eigentlich geht, wollen partout nicht mit an Bord. So erklärt eine wachsende Zahl mittelständischer Produzenten offen, dass sie sich an Industrie 4.0 nicht beteiligen will. Nicht die Industrieausrüster – die sind sogar auf der Kommandobrücke und rufen: volle Kraft voraus! Richtung egal! Hauptsache vernetzt!

179 Vgl. Sames, G. / Ostertag, W.: Stand von Industrie 4.0 im Mittelstand, 2015, S. 34, a.a.O.

Das Zögern der Zielgruppe registrieren die Protagonisten sehr wohl und erklären dies mit einem Mangel an Wissen sowie mit der Verzagtheit des Mittelstands und stellen ihn damit in eine Ecke, in die er nicht hingehört.

Es ist ja schließlich der produzierende Mittelstand, der sein Gespür für Märkte stets aufs Neue beweist, ebenso wie die Fähigkeit, diese schnell zu erobern. Wenn er also nicht mitziehen will, dann liegt das nicht an dessen angeblicher Schläfrigkeit und Provinzialität, wie von den Treibern von Industrie 4.0 gerne kolportiert wird, sondern ist der klare Beleg für die oftmals mangelnde Qualität der Inhalte, die die Protagonisten von Industrie 4.0 anzubieten haben.

Das ist das verdiente Ergebnis einer selbstverschuldeten und desaströsen Kommunikation. Denn wie bei jeder großen Veränderung braucht auch Industrie 4.0 eine Vision und eine Antwort auf die Frage nach dem „Warum".

Auf beides wartet die deutsche Industrie seit fünf Jahren vergebens. Stattdessen gibt es die pauschale Aussage, dass dies nun einmal die nicht aufzuhaltende Zukunft sei. Man fügt noch eine Prise Angst hinzu und behauptet wie bereits erwähnt: Wer hier nicht mitmacht, gerät ins Hintertreffen.

5 Hype, hype, hurra!

Nach all dem mögen Sie sich nun besorgt fragen, ob Industrie 4.0 vielleicht doch nur so etwas wie ein Hype ist. Wir wollen Ihnen an dieser Stelle aus tiefster Überzeugung Folgendes sagen:

Natürlich ist es das. Was soll es denn sonst sein?

- Wenn die Erwartungen in höchste Höhen geschraubt werden, dann nennt man dies einen Hype.
- Wenn die mediale Aufmerksamkeit kein anderes Thema mehr zu kennen scheint, dann nennt man dies einen Hype.
- Wenn Trittbrettfahrer erscheinen und alten Wein in neuen Industrie 4.0-Schläuchen anbieten, dann nennt man dies – Sie ahnen es – einen Hype.

Nun ist ein Hype an sich nichts Schlimmes. Man muss halt nur wissen, was passiert. Dann kann man sich auch darauf einstellen.

Betrachtet man das Wort „Hype“ entsprechend seiner Bedeutung im deutschsprachigen Raum, gibt uns der „Duden“ folgende Erläuterung: Ein Hype sei eine „besonders spektakuläre, mitreißende Werbung – die eine euphorische Begeisterung für ein Produkt bewirkt.“

Es scheint leicht nachzuvollziehen, dass euphorische Begeisterung in diesem Zusammenhang ein wohl temporäres Phänomen darstellt. Ebenso wie sie gekommen ist, vergeht sie wieder, oder kann neu aufflammen. Eng an sie geknüpft sind Erwartungshaltungen.

Ein jeder von uns kennt beide Elemente getrennt wie auch in ihrem Zusammenspiel. Täglich werden wir – auch abseits von Industrie 4.0 – mit sog. Hypes konfrontiert. Lassen Sie uns die typischen Charakteristika eines solchen vergegenwärtigen. Hilfreich für das Verständnis dabei ist, einen Hype nicht als etwas Nebulöses, wenig Greifbares zu betrachten, sondern ihn in Phasen zu unterteilen. So geschehen durch die Erfinderin des sog. Hype-Cycle, Jackie Fenn, die bereits vor über 20 Jahren Muster erkannte und den Begriff „Hype“ damit deutlich plastischer machte. Im Jahr 1995 überführte Frau Fenn ihre Beobachtungen in ein zweidimensionales Modell. Frau Fenn, ist heute Vice President bei Gartner, einem US-amerikanischen Anbieter für Marktforschungsergebnisse und Analysen. Aufkommende Technologien, so erkannte sie, verhalten sich regelmäßig nach einem gleichen Muster.

Alles beginnt mit einem **technologischen Auslöser** (Innovation Trigger). Beispielhaft zeigt ein Durchbruch in der Nanotechnologie deutliche Fortschritte bei der Oberflächenbeschichtung auf. Das Fachpublikum ist interessiert und erste Trittbrettfahrer überlegen sich, wie sie das Thema nutzen können.

Es beginnt die Reise zum **Gipfel der überzogenen Erwartungen** (Peak of inflated expectations). Unerfahren im Umgang mit der neuartigen Technologie – ihren Fähigkeiten sowie ihren Grenzen – wird diese im verbalen Wettrüsten mit überzogenen Erwartungen aufgeladen.

Was nun folgt, ist der Fall hinab in das **Tal der Enttäuschungen** (Trough of disillusionment). Erste Erfahrungsberichte und Resultate zeigen, dass man den Bogen überspannt hat. Ernüchterung stellt sich ein, die mediale Aufmerksamkeit lässt spürbar nach. Ein weiteres Phänomen tritt hinzu: Eine Innovation läuft häufig erst dann zur Hochform auf, wenn ihr Ruf durch den Hype und den anschließenden Absturz schon leicht ramponiert ist. Gegenüberstehen sich dabei diejenigen, die nicht mitmachen, nur weil es vorübergehend „in“ ist, und diejenigen, die es nicht verpassen wollen, nur weil es gerade „out“ ist.[180]

Erholung erfährt die Technologie auf dem **Pfad der Erleuchtung** (Slope of enlightment). An dieser Stelle hat sich das Fachpublikum wie auch die Wissenschaft bei einem Glas Wasser ruhig hingesetzt und nach dem Flug in schwindelerregenden Höhen nunmehr wieder Bodenkontakt. Man betrachtet die Chancen und Potenziale der neuen Errungenschaft

180 Vgl. Honsel, G.: Aufmerksamkeits-Kurven: Die Hype-Zyklen neuer Technologien, in: Spiegelonline, 21. Oktober 2006.

realistischer und spricht offen über Grenzen sowie ein Lessons Learned. Auf diese Weise vorbereitet und im letzten Schritt unseres Hype-Cycle arbeitet sich die Technologie auf das **Plateau der Produktivität** (Plateau of productivity) hinauf.

Wenn man um dieses zyklische Verhalten eines Hypes weiß, ergibt sich die Möglichkeit, eine in uns eingebaute Filterlogik bewusst zu umgehen. Vermeiden sollten wir dabei, die Aufmerksamkeit lediglich auf solche Dinge zu richten, die sich zum Gipfel der überzogenen Erwartungen aufmachen, oder aber das Plateau der Produktivität erreicht haben.

In einer Welt der Information Overflow stellt dies normalerweise einen effektiven Schutzmechanismus unseres limitierten Denkvermögens dar. Wie durch eine Lesebrille betrachten wir lediglich den Teil der Realität, der zumeist unmittelbar vor uns liegt. Das maßgebliche Problem ist jedoch, dass es aus unternehmerischer Sicht zur Kunst gehören muss, durch eine Gleitsichtbrille zu schauen. Diese stellt nicht nur Nahes, sondern auch Fernes scharf und ermöglicht das unternehmerische Handeln entsprechend aller Facetten des Hype-Cycle auszurichten.

Woran Sie erkennen, dass ein Unternehmer den Brillenwechsel nicht beherrscht? Es sind genau die Unternehmen, die entweder zu früh – oder schlichtweg zu spät – auf technologische Hypes reagieren und hier viel Lehrgeld zahlen.

Wir möchten mit unserer Ausführung zum Hype Cycle nicht darlegen, dass dieser zuverlässig die Zukunft voraussagt. Auch er ist in seiner Prognosesicherheit nicht unfehlbar, wie uns die Vergangenheit gezeigt hat. So war im ersten seiner Art u.a. der „Information Superhighway" – den wir heute als das Internet kennen – bereits wieder im Abstieg befindlich. Niemand wird leugnen, dass dabei ein Irrtum vorlag.

Unabhängig davon: Wäre es nicht gut, sich sowohl den Gipfel der überzogenen Erwartungen als auch das Tal der Enttäuschung zu ersparen?

Quasi eine Abkürzung zu bauen und direkt auf das Plateau der Produktivität zu kommen? Noch wäre die Gelegenheit dazu gut. Dazu müssen wir uns aber unvoreingenommen und ideologiefrei anschauen, wo Industrie 4.0 danebenliegt. Dies wird nicht einfach zu ertragen sein und ist für manch einen Fan von Industrie 4.0 so eine Art Wurzelbehandlung – es muss aber sein.

6 Falsch abgebogen

Industrie 4.0 setzt die falschen Akzente. Denn viele Protagonisten von Industrie 4.0 haben keine Erinnerung an das Scheitern von CIM. Weder an den Hype, der damals noch nicht so hieß, noch an die Probleme bei der Umsetzung, geschweige denn an das Ende von CIM. Es wurde still begraben und im Nachhinein wollte keiner etwas damit zu tun gehabt haben. Eine Aufarbeitung der Gründe für das Scheitern von CIM hat nie stattgefunden. Wir wissen spätestens seit Kaizen – der Veränderung zum Besseren in kleinen Schritten unter Beteiligung aller Mitarbeiter – und dem Einsatz der Denkroutine KATA, dass auf diese Weise kein Lerneffekt entsteht. Es gibt heute, 30 Jahre später, leider keinen nennenswerten Erfahrungsschatz, aus dem diejenigen, die damals noch nicht dabei waren, nun schöpfen könnten. Und so werden die gleichen Fehler nochmals gemacht. Alte Hasen haben bei Industrie 4.0 ihr Déjàvu. Industrie 4.0, wie es sich gegenwärtig darstellt, wird nicht erfolgreich sein, weil es ebenfalls am Menschen vorbeientwickelt wird. Und so gilt der Satz: Industrie 4.0 gleich CIM 2.0. Diese Gleichung führten wir oberhalb bereits an.

Hinter den Kulissen wird die Suche nach Geschäftsmodellen für smarte Produkte statt smarter Fertigungsstätten bis in das Jahr 2016 vielerorts mit wenig Einfallsreichtum verfolgt. Technologische Lösungen bestehen en masse, beantworten insbesondere in Deutschland jedoch selten die Frage nach dem konkreten Produkt, das einen am Kundenwunsch ausgerichteten Mehrwert generiert. Mit Bezug auf die Forschungstätigkeit können wir festhalten, dass mit einer Fragmentierung der Forschung, wie wir sie bei Industrie 4.0 erleben[181], regelmäßig die Gefahr einhergeht, trotz hohem monetären Aufwand in vielen Forschungsfeldern die kritische Masse für einen flächendeckenden Durchbruch nicht zu erreichen.

Es wurde viel geredet, diskutiert, veröffentlicht und gemutmaßt. Forschungsgelder sind geflossen, wobei Ergebnisse – vom Kunden her

181 Vgl. ZVEI – Zentralverband Elektrotechnik und Elektroindustrie e.V. Kompetenzzentrum Embedded Software & Systems (Hrsg.): Nationale Roadmap Embedded Systems, 2009, S. 15, http://www.safetrans-de.org/documents/NRMES_2009.pdf, Zugriff am 21.05.2016.

gedacht – und mit Realitätsbezug Seltenheitswert besaßen. Beiläufig bemerkt ist das Förderungsmuster das gleiche wie zu Zeiten von CIM – Mittel verpuffen, weil der Denkansatz falsch ist.

Weniger kritische Stimmen sind sich jedoch sicher, dass Industrie 4.0 weit mehr als ein Schlagwort ist. Sie sei in der Gegenwart angekommen und nunmehr Realität, heißt es, und das gelte für sämtliche Branchen.[182] Lassen Sie uns bei pauschalen Aussagen dieser Art eine gewisse Skepsis bewahren und hier einmal genauer hinschauen.

6.1 InBin

Spätestens seit Lean Production weiß man, dass die Höhe von Beständen ein Gradmesser für die Qualität der Fabrik ist. Alle technischen, organisatorischen und qualifikatorischen Probleme einer Fabrik können mit Beständen zugedeckt werden. Im Umkehrschluss bedeutet dies: je besser die Performance einer Fabrik, desto geringer auch der Bedarf an Beständen. Das Bestreben, Bestände zu senken, ist in Wirklichkeit das Bestreben, die Fabrik zu perfektionieren. Manch einer geht sogar so weit zu behaupten, dass Bestände böse sind, mindestens aber das größte Übel im Produktionsprozess.

Warum erwähnen wir dies? Weil modernes Produktionsmanagement darauf abzielen muss, Bestände zu vermeiden, statt sie zu verwalten. Und in diese Erkenntnis hinein platzt Industrie 4.0 in Form intelligenter Behälter.

InBin heißt das am Dortmunder Fraunhofer-Institut für Materialfluss und Logistik (IML) entwickelte Objekt. Bereits im Jahr 2012 gefeiert soll diese Behältergeneration ein entscheidender Schritt auf dem Weg ins Internet der Dinge sein. Ausgestattet mit modernster Technik ist er der gesprächige und flexible Behälter, der stets weiß, wo er ist. Dabei kann er mit seinesgleichen Reihenfolgen bilden, oder aber mit dem Men-

182 Vgl. Ogbukagu, O.: Vernetzte Industrie beflügelt Hannover Messe, http://www.messe.de/de/deutsche-messe/presse/news/pressemitteilungen?id=717953&page_size=10&lang=D, Zugriff am 06.10.2015.

schen über ein Display oder ein separates Pick-by-Voice-Modul kommunizieren. Er spricht alle gängigen Funkfrequenzen, hat Solarzellen an Bord und ist in der Lage, sich nicht nur durch den Kommissioniervorgang zu manövrieren, nein: Er leitet und kontrolliert diesen auch.

Das Beste an ihm: Wenn Sie ihn ein Jahr in völliger Dunkelheit abstellen, hat die nutzbare Kapazität des Akkus durch Selbstentladung gerade einmal um 2 Prozent abgenommen. Noch etwas ist bemerkenswert: InBin ist hartnäckig. Aus seinem Exil in der dunklen Lagerecke würde er Sie noch bis zu 7000-mal daran erinnern, dass er noch da ist und seinen Inhalt zum Abruf bereithält.

Erst dann benötigt er wieder neue Zuwendung durch das Einschalten des Lichts, um ihn in Einsatzbereitschaft zu versetzen.[183]

Mit einer Dunkelgangreserve von erheblich mehr als einem Jahr ausgestattet, fragen wir uns, welche Lagerreichweiten die Erfinder dieses inBin für akzeptabel halten? Statt also an Systemen zu arbeiten, die es ermöglichen, bestandsarm zu produzieren, arbeiten diese Leute an Lösungen, inakzeptabel hohe Bestände webbasiert zu verwalten. Anstatt Fabriken zu perfektionieren, wird der Mangel webbasiert verwaltet. Und das nennen sie Fortschritt. Dass die Dortmunder dabei mit der Würth Group kooperieren – einer Unternehmensgruppe, die einen großen Teil ihres Geldes mit der Verwaltung von Beständen verdient, statt mit ihrer Beseitigung – macht die Sache nicht unbedingt besser.

Denkt man dieses Thema zu Ende, wird es leider noch schlimmer: Wer in ein solches Produkt wie den inBin Entwicklungsaufwand steckt und es auf den Markt bringt, möchte natürlich auch, dass es sich verkauft. Strenggenommen dürften die Vermarkter des inBin also gar kein Interesse an geringen Beständen haben, denn erst Bestände begründen die Daseinsberechtigung ihres innovativen Produkts. Und wer kein Interesse an geringen Beständen hat, hat auch kein Interesse an guten Fabriken.

183 Vgl. Fraunhofer IML: InBin – Der intelligente Behälter, http://www.iml.fraunhofer.de/de/themengebiete/automation_eingebettete_systeme/Produkte/IntelligenterBehaelter.html, Zugriff am 04.05.2016.

6.2 FTS

„Schwarmintelligenz befeuert Logistik", lautete die Vision, die der Frage nachgehen sollte, wie sich dies in einer Industrie 4.0-Umgebung darstellen lässt. Dazu entwickelte man am Fraunhofer-Institut für Materialfluss und Logistik (IML) fahrerlose Transportsysteme (kurz: FTS) weiter. Parallelprojekte finden u.a. am Institut für Integrierte Produktion (IPH) der Universität Hannover statt. Die Idee als solche ist nicht neu. Wir sprachen bereits beim Thema CIM über fahrerlose Transportsysteme, die – damals noch dirigiert durch das PPS-System – die Intralogistik revolutionieren sollten.

Die neue Generation derartiger Transportmittel kommuniziert untereinander, sucht sich Wege selbstständig und erledigt Transportaufgaben dezentral gesteuert.[184] Ähnlich dem Verhalten von Ameisen sollen diese FTS in der Lage sein, freie Strecken eigenständig zu suchen und ihre Umgebung dreidimensional zu erfassen. Dies stellt eine Abkehr von bis dato starren Routenzügen durch die Fertigung dar. Erhält ein FTS der Zukunft einen Auftrag, so überprüft es eigenständig, ob es diesen allein ausführen kann. Ist das nicht der Fall, ist es in der Lage, bei anderen FTS Hilfe anzufordern. Erste Systeme mit dem Namen KaTe (Kleine autonome Transporteinheiten) waren bereits 2014 im industriellen Testeinsatz bei der Böblinger Eisenmann AG mit einer Nutzlast von bis zu 1 Tonne und einer Geschwindigkeit von bis zu 1 m/s. In einer Art selbstorganisiert-sozialem Gefüge soll es zu einem vollautomatisierten, mannlosen Materialversorgungskonzept führen, bei dem die Intralogistik bis zum individuellen Arbeitsplatz reicht.[185]

Das mag ja alles funktionieren, ist aber die Maschinenbaudenke, die hier Pate des Gedankens ist. Man darf manch einem Lösungsanbieter durchaus bescheinigen, dass ihm auf seiner Reise mit dem Narrenschiff vor lauter Begeisterung über die technischen Möglichkeiten die Orientierung verloren gegangen ist. Gäbe es so etwas wie ein Industrie 4.0-Navigationssystem, dann würde es sicher sagen: „Wenn möglich, bitte wenden".

184 Vgl. Hiemer, K.: Schwarmintelligenz befeuert Logistik, in: Produktion, 2014, Nr. 8, S. 1.

185 Vgl. Dlugosch, G.: Mit Industrie 4.0 haben die Logistiker in den Unternehmen noch viel vor, in: VDI Nachrichten, 2014, Nr. 8, S. 13.

7 Mitarbeiter 4.0?

Unbestritten: Die Integration von Systemen bringt stets Vorteile. Von diesem Ansatz her ist Industrie 4.0 ja auch richtig. Dass solche Systeme aber nur dann funktionieren, wenn der Mitarbeiter mitgenommen wird, sollte allen Beteiligten klar sein. Ansätze hierfür sucht man aber vergebens. Pauschale Hinweise darauf, dass die Arbeitswelt irgendwie schöner wird, helfen da nicht weiter. Im Gegenteil: Die mit Industrie 4.0 verbundenen Risiken, wie schleichender Verlust der Entscheidungsfreiheit des Mitarbeiters durch vernetzte Maschinen, werden nicht einmal im Ansatz diskutiert. Industrie 4.0, so wie es sich gegenwärtig darstellt, wird nicht erfolgreich sein, weil sie am Menschen vorbeientwickelt wird. Industrie 4.0 ist ein technischer Ansatz und wird auch so gedacht – allen nachgeschobenen Beteuerungen zum Trotz, der Mitarbeiter stünde im Mittelpunkt.

Bei Industrie 4.0 geht es darum, durch Vernetzung von Maschinen und Werkstücken die Fabrik zu perfektionieren. Dass in dieser Fabrik auch Menschen beschäftigt sind, wurde den Protagonisten von Industrie 4.0 erst später bewusst. Sie wussten, dass sie sehr bald würden erklären müssen, was mit diesen Menschen geschieht. Und diese Erklärungen sind bis heute wenig fundiert, unvollständig und widersprüchlich.

So bleiben als Belege für die angebliche Mitarbeiterorientierung Dinge übrig, wie der über das Internet vernetzte Arbeitstisch, der sich in seiner Höhe automatisch dem ebenfalls vernetzten Mitarbeiter anpasst, wenn dieser daran arbeiten möchte. Sicherlich ist so etwas sinnvoll: Dies ist aber auch mit konventioneller Technologie wie Bluetooth zu realisieren – also ganz ohne Industrie 4.0 im Sinne einer webbasierten Vernetzung digitaler Systeme.

Wobei der Mensch zunächst als etwas Defizitäres wahrgenommen wird, das es an die Zukunft der Fabrik anzupassen gilt – am besten durch Qualifikation. Welche Art von Qualifikation das ist, weiß man nicht genau. Woher auch – Industrie 4.0 ist ja selber noch nicht konturscharf.

Aber „irgendetwas mit IT" muss es schon sein. Dermaßen mit IT-Kompetenz aufgeladen, eröffnet sich ihm die goldene Zukunft. Er bekommt in Echtzeit die für ihn notwendigen Informationen und führt hochwertige, weil steuernde Tätigkeiten aus. Diese verlockende Perspektive ist aber bei näherer Betrachtung nicht haltbar.

7.1 Jobmaschine oder Jobkiller?

Eine Absicht, mit Industrie 4.0 die Fabriken menschenleer zu machen – wie bei CIM in den 80ern – ist nicht zu erkennen. Dies wäre ja auch gesellschaftlich nicht akzeptiert. Dass Unternehmen nicht müde werden, dies zu tun, steht auf einem anderen Blatt – ist aber sorgfältig von Industrie 4.0 zu trennen. Automation, um Arbeitskraft zu ersetzen, ist kein Merkmal von Industrie 4.0.

Wenn man eine technologische Neuerung schmackhaft machen möchte, wählt man sich immer die Folgen aus, die gesellschaftlich akzeptiert sind. Schließlich ist es das, was die Empfänger der Botschaft vermutlich hören möchten. In den 80ern war dies die menschenleere Fabrik – sie war gewollt, da ja Fabrikarbeit damals als etwas Schlimmes galt, von dem der Mensch zu befreien war. Und so wurde dieses Argument kräftig bedient: Fabrikautomation quasi als soziale Wohltat.

Das ist heute vom Grundsatz her nicht anders, sollte aber die Angelegenheit für die Protagonisten von Industrie 4.0 eigentlich ein wenig verkomplizieren. Denn heute gilt: Wer Arbeitsplätze schafft, tut Gutes. Gutes tut aber auch derjenige, der den Fachkräftemangel überwindet. Das dies zwei gegenläufige Dinge sind, ist unbestritten.

Die Protagonisten lassen sich von Industrie 4.0 aber nicht irritieren. Sie greifen dies in all ihrer Widersprüchlichkeit auf und versprechen die Lösung für beides. Vermutlich ist der Treiber nicht der Wunsch, eine belastbare Aussage zu tätigen, sondern vielmehr das Bestreben, eine größtmögliche Vielfalt an Nutzenaspekten zu nennen.

Die Angaben scheinen sich danach zu richten – was man glaubt sagen zu müssen – damit man gehört wird.

So wurden, wie wir bereits wissen, im Oktober 2012 die Umsetzungsempfehlungen für das Zukunftsprojekt Industrie 4.0 veröffentlicht. Im Rahmen dieses „Industrie 4.0 – How to do"-Leitfadens konnten wir lesen: „Der Transformationsprozess muss (...) zügig gelingen, um die Zukunftsfähigkeit des deutschen Produktionsstandortes zu sichern und Arbeitsplätze zu erhalten".[186] 29 Seiten später stolperte der Leser – ganz beiläufig – über die Aussage, dass digitalen Medien eine herausragende Rolle in der Wissensvermittlung und Kompetenzentwicklung zukommen muss, auch, um die immer wenigeren [sic!] Mitarbeiter möglichst wenig zur Ausbildung aus dem Unternehmen zu reißen.[187]

Die Öffentlichkeit musste sukzessive einem Prozess der Abstumpfung unterzogen werden. Wo man ihr anfänglich die unschöne Wahrheit subliminal unter die Großhirnrinde rieb, konnte Bauernhansl zwei Jahre später offensiv verkünden: „Produktion mit Industrie 4.0 braucht weniger Menschen".[188]

Die verbleibenden Mitarbeiter in Form hochflexibler Multitalente sollen künftig – dank der urbanen Fabrik – ihre unproduktiven Zeiten zu Hause und auf Abruf verbringen.[189] Neben diesen durchaus finsteren Aussichten suggeriert Industrie 4.0 den Menschen jedoch, sie vom einfachen Bediener zum kreativen Schöpfer und Herren ganzer Wertschöpfungsnetzwerke zu befördern und ihre Work-Life-Balance positiv zu beeinflussen.[190] Es sind die üblichen Begleitmelodien von Neuerungen: „Alles wird besser und die Menschen werden glücklich, Nebenwirkungen gibt es keine." Wobei die Frage, ob Industrie 4.0 Arbeitsplätze schafft oder vernichtet, hypothetisch ist, da Industrie 4.0 scheitern wird – jedenfalls in der Form, in der wir sie heute kennen.

186 Promotorengruppe Kommunikation der Forschungsunion Wirtschaft – Wissenschaft (Hrsg.): Umsetzungsempfehlungen für das Zukunftsprojekt Industrie 4.0, 2012, S. 9, a.a.O.
187 Promotorengruppe Kommunikation der Forschungsunion Wirtschaft – Wissenschaft (Hrsg.): a.a.O., S. 38.
188 Hartbrich, I.: Industrie 4.0: Revolution auf dem Prüfstand, in: VDI Nachrichten, 2014, Nr. 5, S. 1.
189 Vgl. Ilg, P.: „Weil wir eine Revolution auf Ansage machen, hinkt die Ausbildung nach", in: a.a.O.
190 Vgl. Knüpffer, G.: Wie es zu Industrie 4.0 kam, in: Produktion, 2014, Nr. 46, S. 4 f.

Wir möchten dazu den monokausalen Zusammenhang von Industrie 4.0 und der Wirkung auf den Arbeitsmarkt verlassen. Viel lieber – und der Vollständigkeit halber – möchten wir Ihnen ohne derartige Scheuklappen eine Einschätzung über die quantitative Auswirkung des wissenschaftlichen und technologischen Fortschritts im Bereich der Automation allgemein vermitteln. Was erwartet uns in den nächsten Jahrzehnten? Dafür müssen wir einen kleinen Abstecher über die USA machen.

Die wohl bekannteste – und vor allem sehr durchdachte – Studie zu diesem Thema stammt von Carl Benedikt Frey und Michael Osborne. Im Resultat und auf Basis von 702 Berufen prognostizieren die Autoren, dass 47 Prozent der Arbeitsplätze in den USA in bereits einem oder zwei Jahrzehnten automatisiert werden können. Betroffen davon sind vor allem Arbeitnehmer, die in Transport- und Logistikberufen tätig sind, ebenso wie der Großteil derer, die wir hierzulande unter der Bezeichnung Büro- und Verwaltungsfachangestellte kennen.

Gleiches gilt u.a. für Dienstleistungsberufe. Diese haben in den letzten Jahrzenten den größten Zuwachs an Arbeitsplätzen auf dem US-Arbeitsmarkt generiert und sind ebenfalls in höchstem Maße durch technologische Substitute gefährdet.[191] Szenarien dieser Art erscheinen dabei nicht abwegig. Spätestens wenn Roboter die Fähigkeit erlangen, den limitierten Bereich eines Hotelzimmers wieder in einen definierten Ausgangszustand zu versetzen, wird es für Reinigungskräfte im Hotel- und Gastgewerbe eng.

Klingt für Sie nach Science-Fiction und ganz weit weg? Wenn Sie Ihren nächsten Japanurlaub buchen, besuchen Sie doch einmal das Hotel Henn-na in Sasebo. Eine Roboterbelegschaft am Empfang freut sich darauf, Sie mehrsprachig beim Check-in zu begrüßen, während ein anderer Roboter auf Ihr Gepäck aufpasst, bevor er es Ihnen auf Ihr Zimmer im Hotelflügel bringt. Dort angekommen öffnet sich Ihre Zimmertüre per Gesichtserkennung.[192]

191 Vgl. Frey, C.B. / Osborne, M.A.: The Future of Employment: How susceptible are jobs to computerization, 2013, S. 44, http://www.oxfordmartin.ox.ac.uk/downloads/academic/The_Future_of_Employment.pdf, Zugriff am 18.02.2016.

192 Zum Nachlesen unter: Henn-na Hotel: How to use: http://www.h-n-h.jp/en/guidance/.

Nun zu uns: Die Studie von Frey und Osborne wurde im April 2015 unter Beibehaltung der Systematik auf Deutschland übertragen. Veröffentlicht unter dem Titel: „Die Roboter kommen – Folgen der Automatisierung für den deutschen Arbeitsmarkt." Über Zwischenschritte konnten die von den US-amerikanischen Forschern gruppierten Berufe auf Deutschland adaptiert und so eine Zuordnung von 81Prozent aller in Deutschland Sozialversicherungspflichtigen und geringfügig Beschäftigten realisiert werden.[193]

Bevor wir zu den Ergebnissen für Deutschland kommen, ein Hinweis, der uns zu wichtig für eine Anmerkung in den Fußnoten erscheint: Sie wissen bereits, was wir von pseudogenauen Zahlenwerten aus Studien halten. Daher betrachten wir die Ergebnisse als in ihrer Aussage lediglich richtungs- / tendenzvorgebend.

Im Ergebnis der Studie sind von 30,9 Millionen untersuchten Arbeitsplätzen 59 Prozent von einer Roboterisierung betroffen. Das entspricht rund 18 Millionen Arbeitsplätzen. Auszugsweise gefährdet sind:[194]

- 3 Millionen Bürokräfte und verwandte Berufe
- 3,26 Millionen Hilfskräfte, u.a. in der Reinigung
- 3,21 Millionen Anlagen- und Maschinenbediener, Montageberufe
- 3,12 Millionen Dienstleistungs- und Verkaufsberufe

Ebenso wie auf dem amerikanischen Arbeitsmarkt sind Berufe, die eine Spezialisierung oder aber ein Expertenwissen voraussetzen, nur zu einem geringen Prozentsatz von einer Substitution durch Technologien bedroht. So z. B. lediglich 12 Prozent der akademischen Berufe und nur 11 Prozent der Führungskräfte.

193 Anmerkung: Nicht alle der 702 der von Frey und Osborne klassierten Berufe konnten direkt auf den Deutschen Arbeitsmarkt übertragen werden. Über einen Zwischenschritt wurden diese in die Internationale Standardklassifikation (ISCO) umgeschlüsselt.

194 Vgl. ING-DiBa AG: Die Roboter kommen – Folgen der Automatisierung für den deutschen Arbeitsmarkt, 2015, S. 1-4, https://www.ing-diba.de/pdf/ueber-uns/presse/publikationen/ing-diba-economic-research-die-roboter-kommen.pdf, Zugriff am 28.02.2016.

7.2 Welcome back, Mr. Taylor

Wie bereits erwähnt, war eine wichtige Konsequenz von Lean Production die Überwindung der bis dahin vorherrschenden Trennung von Denkenden und Ausführenden, wie sie von Ford vorgegeben war. Kein Produzent hierzulande, der diesen Weg gegangen ist, käme im Traum auf die Idee, das Rad zurückzudrehen.

Wohl aber die Protagonisten von Industrie 4.0. Sie unterteilen die Welt wieder in Denkende und Ausführende. Die Denkenden sind die besagten Dirigenten der Wertschöpfungskette – Ingenieure und IT-Fachleute, die die Fabrik im Sinne von 4.0 gestalten und die Ausführenden, für die alles besser wird – vorausgesetzt, sie haben bis dahin alle ihre fachlichen Defizite behoben und sind fit für Industrie 4.0.

Da waren wir schon mal weiter.

Durch Industrie 4.0 – und das ist zu befürchten – wird die Kreativität der Mitarbeiter, die unmittelbar im Produktionsprozess beschäftigt sind, nicht mehr gefragt sein. Das ist ganz klar ein Rückschritt zu dem, was in den letzten 15 bis 20 Jahren passiert ist. Die Produzenten haben unglaublich große Fortschritte gemacht, die Kreativität und die Begeisterungsfähigkeit ihrer Mitarbeiter zu aktivieren. Künftig findet sich der Mitarbeiter zunehmend mehr in einer Produktionsumgebung wieder, die diese Kreativität nicht mehr von ihm fordert.

Technologieaffine Visionäre sagen dem CIM-Hype in den 1980er Jahren das Scheitern aus dem Grund fehlender technologischer Möglichkeiten wie bezahlbarer Rechenleistung nach, wie wir bereits gesehen haben.[195] Ein maßgeblicher, wenn nicht sogar der maßgebliche Faktor für ein Scheitern, lag jedoch in der mangelnden Berücksichtigung der Menschen, die schlussendlich mit dieser neuen tollen Welt interagieren sollten. Mehrere Jahre nebulöser Visionen eines Rollenverständnisses lassen die Befürchtung zu, dass Industrie 4.0 diesen Fehler wiederholt.

195 Vgl. Kalhoff, J.: Phoenix Contact: Produkte für Industrie 4.0, in: Produktion, 2013, Nr. 49, S. 18.

Mitarbeiter werden nicht länger eingeladen, an der Gestaltung des Systems mitzuwirken. Dies bleibt einer kleinen Gruppe selbsternannter Experten vorbehalten. Das ist ein klarer Schritt in die Vergangenheit. Henry Ford wäre im ersten Augenblick stolz, bevor er dann kopfschüttelnd den Raum verlassen hätte. Kopfschüttelnd darüber, wie wenig Gespür die Protagonisten von Industrie 4.0 für den unternehmerischen Königsweg des 21. Jahrhunderts aufbringen.

7.3 Der Mensch als Dirigent der Wertschöpfungskette?

Mit IT-Kompetenz fit gemacht nimmt der Mitarbeiter in der Fabrik 4.0 den Taktstock in die Hand. Doch wie sieht sein Alltag aus? Er reagiert auf die Systeme und arbeitet vorgegebene Lösungsroutinen ab.

Es geht um Vernetzung. Sie verbessert die Transparenz des Produktionsgeschehens und stellt entscheidungsrelevante Informationen schneller zur Verfügung. Davon soll der Facharbeiter profitieren: Er bekommt in Echtzeit die für ihn notwendigen Informationen und nutzt sie im Rahmen seiner Rolle. Er profitiert hiervon – seine Position wird gestärkt. Er ist der Dirigent der Wertschöpfungskette.

Auf der einen Seite ist also das durchaus ehrliche Bemühen zu verstehen, ihm eine bedeutende Rolle zuzuweisen. Im Ergebnis sieht man aber bislang nur die Mitarbeiter in der Rolle des Reagierenden. Überwachung wird gleichgesetzt mit „Reagieren auf die Schwesternklingel".

Denn geht es nach den Protagonisten von Industrie 4.0, sind die technischen Objekte nicht nur Informationsträger, sondern auch in der Lage, dispositive Entscheidungen zu treffen, wie Kapazitäten anzufordern oder Produktionsreihenfolgen festzulegen – also genau diejenigen Aufgaben zu übernehmen, die derzeit noch in Händen des Facharbeiters liegen. Darüber hinaus wird ihm die Rolle desjenigen zugewiesen, der im Ausnahmefall – wie bei einer Prozessstörung – eingreifen soll. Dabei werden ihm die selbstlernenden und deshalb intelligenten Systeme bereits mitteilen, welche Schritte zur Störungsbehebung notwendig sind. Das System meldet seinen Zustand und zeigt auch, was zu tun ist. Damit wird der Mitarbeiter zum Reagierenden. Wo da der vergrößerte Handlungsspielraum bleibt, wird nicht klar. Klar wird hingegen, warum zwar über Kompetenzen der Mitarbeiter diskutiert wird, es in erster Linie aber um IT geht. Problemlösungskompetenz wird nicht mehr gefragt sein.

Das Internet der Dinge dringt in den Arbeitsbereich der Fachkräfte ein und macht sie überflüssig. Ein schönes Verständnis von „Position stärken". Aber vielleicht steckt dahinter ja der politisch gewollte Masterplan der Akademisierung des Arbeitslebens und der hierzulande fortschreitenden Aushöhlung des Facharbeitertums.

Den Mitarbeiter in der Produktion wird es weiterhin geben – nur muss er sich daran gewöhnen, seine Arbeitsanweisungen nicht mehr von seinem Vorgesetzten, sondern von einem Werkstück oder einer Maschine zu erhalten. Ihm wird die Rolle desjenigen zugewiesen, der auf optische und akustische Signale reagiert und vorbestimmte Handlungsmuster vor dem Hintergrund von Prozessinformationen und Analytics ausführt.

Das kann ja im Sinne des Produktionsprozesses durchaus richtig sein. Nur sollte man nicht davon sprechen, dass die Rolle des Mitarbeiters durch Industrie 4.0 aufgewertet würde.

Wenn die Vorhersagen eintreffen, wonach sich das Material seinen Weg eigenständig durch die Produktion bahnt, dispositive Entscheidungen trifft und Ressourcen anfordert, so werden nicht nur Betriebsmittel, sondern auch Mitarbeiter zu Objekten. Es ist der Mensch vor Ort in der Fabrik, der sich an die Vorstellung gewöhnen muss, dass das Werkstück bestimmt, was er wann und wo zu tun hat. Die Aufgaben des Vorgesetzten übernimmt dann das Material, das bearbeitet werden möchte. Ein seltsames Verständnis von Dirigententum.

7.4 Flucht vor den eigenen Mitarbeitern

Aber vielleicht sind ja mit der Bezeichnung „Dirigent“ ganz andere Menschen gemeint. Nicht die Mitarbeiter auf dem Shopfloor, sondern die Ingenieure. Hier hat Industrie 4.0 viele Freunde, geht es schließlich doch um ein echtes Ingenieurthema, wobei der Ingenieur endlich wieder Ingenieur sein darf. Maschinenelemente, Hardware und Software werden miteinander verbunden. Der große technische Wurf wird gemacht.

Wie unendlich groß muss da die Erleichterung bei denen sein, die sich mit Shopfloor-Management, Kaizen und KATA und den ganzen „Räucherstäbchenrunden“ nie haben anfreunden wollen.

Begeistert sind auch all diejenigen, die Betriebsführung mit der Gestaltung von technischen Systemen verwechseln und lieber mit Technik als mit Menschen zu tun haben. An dieser Stelle sind Maschinenbau- und Softwareingenieure Brüder im Geiste und erfreuen sich gemeinsam an den technischen Möglichkeiten.

Auf den Punkt gebracht: Industrie 4.0 ermöglicht den Führungsschwachen die langersehnte Flucht vor ihren eigenen Mitarbeitern. Und die finden den Schicht-Doodle natürlich klasse!

Ob selbsternannt oder nicht: Das sind die wahren Dirigenten der Wertschöpfungskette. Diese Personen sind gemeint, wenn von Dirigenten der Wertschöpfungskette die Rede ist. Denn sie sind ja schließlich die Schöpfer und Meister dieses Systems. Doch deren Freude ist verfrüht: Da diese Systeme ja selbstlernend angelegt sind, werden sie sich bald selber konfigurieren können. Die Dirigenten können nach Hause gehen, weil die Orchester sie nicht mehr brauchen. Diese Menschen arbeiten mit Hochdruck und Begeisterung an genau den Systemen, die sie selber eines Tages überflüssig machen – und niemanden scheint es zu stören.

7.5 Sorry Dave, I can't let you do that!

Es ist der – vielleicht ungewollte – Systemansatz von Industrie 4.0, der den Mitarbeiter zum Ausführenden macht. Dass mit Industrie 4.0 eine Aufwertung der Tätigkeiten verbunden sein wird, ist bislang nicht belegbar.

Vielleicht erinnern Sie sich an den Film „2001: Odyssee im Weltraum", erschienen im Jahr 1968. Mit an Bord des Raumschiffs Discovery des Odyssee-im-Weltraum-Regisseurs Kubrick war auch der Supercomputer HAL 9000. Um das Missionsziel – der Ergründung des Mysteriums um einen die Evolution prägenden Monolithen, der durch andere Lebensformen auf die Erde gebracht wurde – wusste niemand der Crew, mit Ausnahme des Computers HAL. Er steuerte das Raumschiff autonom und entledigte sich sukzessive der Besatzung, bis auf Dave Bowman. Immer in Lebensgefahr schaffte es Bowman schlussendlich, den mittlerweile zu Emotionen neigenden und übermächtigen Supercomputer HAL abzuschalten. Bis zu diesem Zeitpunkt war es der Computer, der alle dispositiven Entscheidungen der Mission traf. Er urteilte über Rechtmäßigkeit sowie die Notwendigkeit von Kollateralschäden als logische Schlussfolgerung seiner Schaltkreise.

Mit Bestimmtheit eine überspitze Darstellung. Doch zeigte dieser Film bereits mehr als 40 Jahre zuvor, dass man sich kritisch mit Fragen der Computerlogik beschäftigte. Eine, die den Menschen dirigiert, instrumentalisiert und sich anmaßt, die einzig richtige und vor allem höhere Logik zu besitzen.

Die Protagonisten von Industrie 4.0 betonen unermüdlich, dass bei Industrie 4.0 der Mensch im Mittelpunkt steht, weil man ahnt, dass dies gerne gehört wird. Was das im Einzelnen bedeutet, bleibt aber jedem selber überlassen. Dass der Mensch hiervon profitieren würde, hat den Charakter einer hastig verabreichten Pille, die nicht nur das besorgte Publikum, sondern vermutlich auch die Protagonisten selber beruhigen soll.

Dabei hätte man mit der hinter Industrie 4.0 stehenden Technologie die historische Chance, dafür zu sorgen, dass der Mensch zum ersten Mal in der Geschichte der Industrie nicht mehr disponibler Produktionsfaktor – auf einer Stufe mit Material und Maschinen – und Mittel zum Zweck ist, sondern dass die Fabrik erstmals nach seinen Bedürfnissen gestaltet würde und dass Produktion und Wertschöpfung auch ein Mittel zur Persönlichkeitsentwicklung sein soll.

Das wäre ein Beleg dafür, dass hier wirklich Revolutionäres geschieht. Tut es aber nicht – und deswegen hört man hier auch nichts Entsprechendes.

Industrie 4.0 wird u.a. deswegen scheitern, weil sie am Menschen vorbeientwickelt wird und ihm die Rolle des passiv Ausführenden zuweist, statt ihn – wie heute üblich – an der Gestaltung der Arbeitsprozesse zu beteiligen. Ein klarer Schritt in Richtung Entmündigung.

Die Rolle des Mitarbeiters wird nicht ernsthaft diskutiert. Allenfalls wird dieses Thema auf den Qualifikationsbedarf reduziert und auf die Frage, was getan werden muss, um den Mitarbeiter an Industrie 4.0 anzupassen. Die Protagonisten von Industrie 4.0 sagen uns, wie der Mitarbeiter arbeiten wird – beschäftigen sich aber nicht mit der Frage, wie er eigentlich arbeiten will und wieso das alles gut für ihn sein soll.

8 Industrie 4.0 – der Frontalangriff auf unseren Wohlstand?

Industrie 4.0 wird als Programm zur Performanceverbesserung der Fabriken gesehen – aber eigentlich bedeutet es Öffnung und Vernetzung. Und genau da gibt es ein gewaltiges Problem!

Lassen Sie uns also über Clouds sprechen. Cloud Computing als Begriff entstammt dem Bereich der Informationstechnologie (IT). Es wurden zahlreiche definitorische Ansätze erarbeitet, wobei insbesondere auf die Definition des National Institute of Standards and Technology (kurz: NIST) des U.S. Department of Commerce zurückgegriffen wird, die Cloud Computing zunächst wie folgt segmentiert. Ein Cloud-Modell verfügt über die fünf wesentlichen Charakteristika On-demand self-service, Broad network access, Resource pooling, Rapid elasticity und Measured Service.[196]

Die Inhalte lassen sich übersetzt wie folgt zusammenfassen: Die benötigten Ressourcen (Rechenleistung, Speicher etc.) werden auf Anforderung des Benutzers durch diesen selbst verwaltet, über ein Netzwerk bezogen und weisen eine hohe Elastizität auf (Virtualisierung der Ressourcen). Dabei werden die Ressourcen (institutionsübergreifend) zusammengefasst, um von mehreren Benutzern simultan bedient werden zu können. Der Mengenverbrauch wird von einem automatischen System erfasst und anschließend üblicherweise mittels Pay-per-use-Prinzip abgerechnet.[197] Gezahlt wird, was an Leistung in Anspruch genommen wurde. Doch woraus kann eine solche „Leistung" nun bestehen? In der Praxis treffen wir dazu drei verschiedene Dienstleistungsmodelle an:

Software as a Service (SaaS): Hierbei wird dem Kunden ein Zugang zu einer installierten Software seitens des Cloud-Anbieters gewährt.

196 Mell, P. / Grace, T.: The NIST Definition of Cloud Computing, 2011, S. 2, http://nvlpubs.nist.gov/nistpubs/Legacy/SP/nistspecialpublication800-145.pdf, Zugriff am 20.12.2015.

197 Vgl. Westerfeld, H.: Chancen und Fragestellungen, in Niemann, F. / Paul J.-A. (Hrsg): Rechtsfragen des Cloud Computing, Berlin 2014, Kap. 2, Rn. 3.

Der Kunde nutzt folglich die Hardware (Speicher, Rechenleistung (...)) und das entsprechend installierte Betriebssystem, inklusive der bereitgestellten Software, und greift hierauf über einen regulären Interne-tanschluss (gesicherter Webbrowser) als Konsument zu. Vertiefte Einstellungsmöglichkeiten oder grundlegende Systemänderungen der Cloud-Infrastruktur kann der Kunde nicht vornehmen. Ein Beispiel für diese Serviceform stellt der Filehosting-Dienst Dropbox dar.[198] Im Bereich der Produktentwicklung sind es u.a. Lösungen, wie CAD-Cloud, die aktuell das höhere Nutzenniveau und die Flexibilität versprechen, die Industrie 4.0 generieren soll. Folgt man der Werbung eines Anbieters, lautet die Idee wie folgt: „Auf Basis einer sicheren Infrastruktur (...) können Unternehmen mit CAD Cloud ihre Konstruktionsarbeitsplätze völlig flexibel über [sic!] Internet zur Verfügung stellen. Die standortunabhängige Nutzung von zentral gehosteten CAD-Arbeitsplätzen bietet neue Möglichkeiten, die Zusammenarbeit aller Projektbeteiligten deutlich flexibler, effizienter und vor allem sicherer zu gestalten."[199]

Platform as a Service (PaaS): Bei einer PaaS-Lösung wird dem Kunden eine vorbereitete Oberfläche (Cloud-Infrastruktur: Speicher, Rechenleistung (...)) zur Verfügung gestellt, auf der von ihm erworbene Programme oder Applikationen als „Build on it-Lösung" („Baue auf der Systemplattform") installiert werden. Einstellungs- und Adaptionsmöglichkeiten bieten sich hierbei nur mit Bezug auf die kundenseitig installierte Softwarevariante. Auf einer virtuellen Computeroberfläche kann der Kunde, wie am Beispiel von Microsoft Windows Azure, individuelle Applikationen und Anwendungen installieren.[200]

Infrastructure as a Service (IaaS): Eine IaaS-Variante stellt die bei weitem flexibelste, aber auch aufwendigste Form der Cloud-Nutzung auf Seiten des Anwenders dar. Hierbei werden ihm lediglich die Hardwareressourcen zugewiesen, auf die er die eigenen Daten (zumeist Datenbanken) migrieren kann. Den zuvor genannten virtuellen Computer im Falle der PaaS-Lösung muss der Kunde sich bei dieser Form

198 Vgl. Mell,P. / Grace,T.: a.a.O., S. 2.
199 Solid Systems Team GmbH, CAD als Online-Service, http://www.cloud-cad.de/cadcloud-overview.html, Zugriff am 08.02.2016.
200 Vgl. Mell, P. / Grace,T.: a.a.O., S. 2 f.

selber erstellen. Anbieter wie Rackspace (Texas, USA) weisen ihren Kunden zu diesem Zweck lediglich die bestellten Hardwareressourcen zu. Unternehmen wie Vodafone oder aber der Automobilhersteller Mazda nutzen diese Form des Cloud Computing.[201]

Neben den nun kennengelernten Basiseigenschaften einer Cloud und den drei verschiedenen Dienstleistungsmodellen, möchten wir einen letzten Blick auf die unterschiedlichen Nutzerkreise werfen, die auf die entsprechenden Daten bzw. Ressourcen final zugreifen.

- ***Public Cloud:*** Dem Namen entsprechend handelt es sich um eine für die breite Öffentlichkeit verfügbare Cloud, die zumeist durch Unternehmen, Bildungsinstitutionen oder Regierungsorganisationen organisiert und betrieben wird.[202]
- ***Private Cloud:*** Diese Form sieht ein exklusives Zugriffsrecht von einer Organisation und, wenn vorhanden, ihren Filialbetrieben vor. Dabei bestimmt der Besitzer über Zugriffsrechte und Nutzung durch Dritte.[203]
- ***Community Cloud:*** Eine Community Cloud wird von einem festgelegten Nutzerkreis verwendet, der auf Basis vorher festgelegter Vereinbarungen mit Hinblick auf die Sicherheitsanforderungen, Verhaltensregeln und der Definition des gemeinsamen Zweckes agiert.[204]
- ***Hybrid Cloud:*** Die vierte und letzte Ausprägung ist eine Kombination aus den zuvor genannten Cloud-Varianten.[205] Einer der wesentlichen Vorteile ist, dass der Kunde im Bedarfsfall seine Ressourcen oder Rechenleistungen durch den Cloud-Provider erweitern und so Leistungsspitzen abfangen kann – bei bspw. komplexen Simulationen, wie wir sie aus der Produktentwicklung kennen. In allen Ausprägungen findet, wie angemerkt, eine Verrechnung auf Basis der bezogenen, respektive genutzten Kapazitäten statt.

201 Vgl. Mell, P. / Grace, T.: a.a.O., S. 3.
202 Vgl. Mell, P. / Grace,T.:a.a.O., S. 3.
203 Vgl. Mell, P. / Grace,T.:a.a.O., S. 3.
204 Vgl. Mell, P. / Grace,T.:a.a.O., S. 3.
205 Vgl. Mell, P. / Grace,T.:a.a.O., S. 3.

Wir haben also nun einen kurzen Überblick darüber bekommen, was genau eine Cloud ist, welche Dienstleistungsmodelle wir bei ihr antreffen können und zuletzt, wer auf die Daten im Normalfall zugreifen darf. Doch ist das in der Realität immer der Fall?

8.1 Gratiskultur meets Innovation

Die Boston Consulting Group formulierte im Jahr 1988 eine anschauliche Definition, was man genau unter einer Vision versteht. Demnach ist die Vision ein konkretes Zukunftsbild, nahe genug, dass wir die Realisierbarkeit noch sehen können, aber schon fern genug, um die Begeisterung der Organisation für eine neue Wirklichkeit wecken zu können.[206]

- Deutschland soll bis zum Jahr 2020 zur forschungsfreudigsten Nation der Welt gemacht werden.[207]
- Deutschland soll bis zum Jahr 2020 zum Leitanbieter für das Internet der Dinge im industriellen Umfeld gemacht werden.[208]
- Deutschland soll zum Leitmarkt und Leitanbieter in der Produktionstechnik werden.[209]

Nun wird freilich niemand behaupten, dass diese Aussagen in ihrer Art wenig visionär oder inhaltlich verwerflich wären. Problematisch kann indes die Ableitung von notwendigen Strategien gesehen werden. Wie genau stellen sich die Industrie 4.0-Protagonisten den Weg der Realisation vor?

So z. B. im Sinne eines Internet der Dienste: Forschungs- und Entwicklungsarbeit von Unternehmen kann mithilfe des sog. Grid-Computings außerhalb der eigenen Unternehmensmauern stattfinden, um eine

206 Vgl. The Boston Consulting Group (Hrsg.), 1988, S. 7.
207 Vgl. Bundesministerium für Bildung und Forschung (Hrsg.): Die Hightech-Strategie für Deutschland, 2006, a.a.O.
208 Vgl. Russ, H.-G.: Industrie 4.0: a.a.O.
209 Vgl. Promotorengruppe Kommunikation der Forschungsunion Wirtschaft – Wissenschaft (Hrsg.): a.a.O., S. 55.

höhere Rechenkapazität nutzbar zu machen.[210] Grid-Computing als Cloud-Anwendung meint das verteilte Rechnen an geographisch nicht zwangsweise gleichem Ort, auf dezentralen Hoch- und Höchstleistungsrechnern, u.a. für die Wirtschaft bei Modellen für die Produktentwicklung. Ergänzt durch das überregionale Arbeiten in Clustern soll Industrie 4.0 nicht im Wettbewerb, sondern miteinander entwickelt wird.[211]

Dabei sind sich einzelne Akteure sicher, dass insbesondere der Maschinenbau in künftigen Open-Innovation-Netzwerken einen nennenswerten Beitrag leisten kann.[212] Die sich in der IT-Szene etablierte Open Source Mentalität lebt schließlich vor, wie es geht.

Doch was genau lösen Worte wie „Open Source" mit Bezug auf Industrieunternehmen aktuell aus? Führt man den Gedankengang von Adam Smiths „unsichtbarer Hand" an, ergibt sich ein äußerst brisantes Gedankenkalkül, das in ein Motivationsdefizit der eigenen unternehmerischen Tätigkeit und damit in einen allgemeinen Wohlstandverlust der Nation mündet. Auch nach über 200 Jahren hat es nicht im Ansatz an Aktualität verloren.

Smith war der Auffassung, dass die Tätigkeit eines Unternehmers nicht primär darin liegt, die heimische Industrie zu unterstützen. Dabei handelt es sich lediglich um einen Nebeneffekt. Der Unternehmer strebt vielmehr nach der eigenen Profitmaximierung und nicht nach der Förderung des Gemeinwohls (Wohlstand durch Wettbewerbsfähigkeit). Bei diesem nachvollziehbaren Streben nach dem eigenen Vorteil fördert ein Unternehmen oftmals deutlich mehr den Wohlstand einer Gesellschaft in Form eines Nebeneffektes, als wenn es primär seine Absicht gewesen wäre, diesen in gleicher Höhe gezielt positiv zu fördern. Geleitet wird der Unternehmer dabei stets von einer unsichtbaren Hand.

210 Vgl. BT-Drs.: Ziele des Zukunftsprojekts Internet der Dienste, in: Unterrichtung durch die Bundesregierung, Zukunftsprojekte der Hightech-Strategie (HTS-Aktionsplan), BT-Drs. 17/9261, 2012, S. 31.

211 Vgl. Ciupek, M.: „Allianz 4.0" will kleine Unternehmen mitnehmen, in: VDI Nachrichten, 2014, Nr. 45, S. 9.

212 Vgl. Hammerschmidt, Ch.: Auf dem Weg zur Industrie 4.0 nehmen Herausforderungen Gestalt an, in: a.a.O.

Und eben diese unsichtbare Hand ist es, die insbesondere Industrieunternehmen sowie deren Unternehmer intrinsisch motiviert, im weltweiten Wettbewerb durch das Streben nach einem Innovationsvorsprung geleistete Forschungs- und Entwicklungsarbeit zu monetarisieren. Die sich anschließende Frage lautet deshalb, wie also eine motivierende Verrechnung, eine angemessene Vergütung, von in die Cloud oder in neuartige Netzwerkformen eingebrachter Innovation stattfinden sollte, welche fortan allen Beteiligten gleichermaßen die Option zur Nutzung offeriert? Entwicklungskooperationen sind und waren in der Industrie State of the Art und folgen dabei stets klaren Vorgaben sowie daraus resultierenden Rechtsansprüchen. Was also, wenn außerhalb klarer rechtlicher Rahmenbedingungen in einer die Innovationen teilenden Industrie 4.0 Kultur, Forschungs- und Entwicklungsergebnisse zum abrufbaren Allgemeingut der Community werden?

Deutlich mehr als hundert untersuchte Industrie 4.0-Publikationen adressieren diese Form der Bedrohung des eigenen Wettbewerbsvorteils unzureichend bis gar nicht. Fokussiert wird dabei lediglich die Bedrohung durch externe Angreifer, Industriespionage oder gezielte Manipulation. Auf die Frage, wie innerhalb dieser visionären Industrie 4.0 Entwicklungsnetzwerke der IP-Schutz (engl. Intellectual Property – z. Dt. geistiges Eigentum) und das Vorrecht auf eigene Monetarisierung gewährleistet wird, werden keine greifbaren Antworten geliefert.

Es entsteht der Eindruck, man spreche von einer großen, vernetzten Unternehmensstruktur unter stets wohlgesonnenen Freunden, die ihr geistiges Eigentum (=Wettbewerbsvorteil!) bereitwillig mit allen anderen im Sinne der Forschung teilen und lediglich die Verletzung dieser Sphäre durch externe Dritte fürchten. Dazu nun ein wenig mehr.

8.2 Cloud Computing: die Wolke, die zur Gewitterfront wurde

Die Chance Deutschlands, der Ausrüster für die Industrialisierung der Welt zu werden, verschaffte zunehmend weiteren Branchen Gehör.[213] Neue Ansätze und Technologien sind es, die Industrie 4.0 zum nächsten Kriegsschauplatz für Cyberkriminalität machen würden[214] und ein intensives Gespräch über Cyberkrieg notwendig machen.[215] Softwareunternehmen für IT-Sicherheit schürten Ängste und zeigten mannigfaltige Angriffspotenziale auf. Selbst Eingriffe in vernetzte medizinische Geräte seien dabei möglich.[216] Beiläufig bemerkt: Interessant wäre es zu hinterfragen, warum lebenserhaltende, medizinische Geräte an das Internet angeschlossen sein müssen. Aber das ist ein anderes Thema. Ganze Hackermarktplätze stellen demnach für das private wie auch industrielle Umfeld eine reale Bedrohung dar[217] und generieren weltweit aktuell einen höheren Umsatz als der Handel mit Drogen. Bei ihnen kann ein Botnetz, ein Trojaner oder aber ein gezielter Unternehmensangriff in Auftrag gegeben werden – mit Erfolgsgarantie und 24/7-Support.[218]

Ob bei der geschäftlichen, wie auch privaten Nutzung von (sozialen) Massenmedien, bei der Synchronisierung von Terminen, Musik- oder Filmmaterial bis hin zu kompletten Office-Cloud-Lösungen oder aber Heizungs- und Lichtsteuerung im sog. Smart Home, scheinen Cloud-Dienste eine Omnipräsenz im Alltag des modernen Menschen zu besitzen. Nachdem sich bereits ein vielfältiges Portfolio an Anwendungen für den Privatnutzer etabliert hat, zielt Industrie 4.0 auf eine Industrialisierung der IT mithilfe der Cloud ab.[219] Die Cloud soll neben deutschen Wohnzimmern nunmehr die Produktionsstätten erobern. Insbesondere Verbände wie der BITKOM und der Bundesverband der IT-Anwender (VOICE e.V.) sahen die Möglichkeit, zur Entwicklung einer wettbe-

213 Vgl. Bönsch, R.: IT-Gipfel geht mit Industrie 4.0 in Führung, in: VDI Nachrichten, 2014, Nr. 43, S. 1.
214 Vgl. Matzer, M.: Erfolge im Kampf gegen Cyberangriffe, doch die Angriffsflächen nehmen zu, in: VDI Nachrichten, 2013, Nr. 42, S. 9.
215 Vgl. Kurmann, F.: „Es ist Zeit, intensiv über den Cyberkrieg zu sprechen", in: VDI Nachrichten, 2014, Nr. 11, S. 7.
216 Vgl. Girschner, S.: a.a.O., S. 6.
217 Vgl. Kellerhoff, P.: Ist der deutsche Mittelstand überhaupt noch zu retten?, in: VDI Nachrichten, 2013, Nr. 42, S. 9.
218 Vgl. Kellerhoff, P.: „Der Umsatz mit Cyberkriminalität ist höher als der weltweite Umsatz mit Drogen", in: VDI Nachrichten, 2014, Nr. 42, S. 8.
219 Vgl. Voges, J.: 1 Mrd. € für die Erforschung der digitalen Arbeitswelt, in: VDI Nachrichten, 2014, Nr. 37, S. 5.

werbsfähigen Industrie für Cloud Services am Standort Deutschland beizutragen.[220] Mit der Absicht, eine „Trusted Cloud – Made in Germany" zu etablieren, wollten deutsche Anbieter ein Stück vom Cloud-Kuchen abbekommen.

Diese Botschaft konnte erstmalig im Oktober 2010 vernommen werden.[221] Viele US-Anbieter eröffneten in Folge Rechenzentren in Deutschland oder der EU, in der Hoffnung, gegenüber Sicherheitsbedenken der Anwender durch ihren neuen Standort erhaben zu sein. Ein paar Grundlagen vorab:

Anhand einer Studie des Hasso-Plattner-Instituts (HPI) der Universität Potsdam aus dem Jahr 2014 möchten wir auf konkrete Gefahren bei der aktuell praktizierten Nutzung von Cloud-Produkten hinweisen. Folgt ein Unternehmen dem Aufruf der Industrie 4.0-Visionäre und möchte große Datenmengen und Funktionen in der Cloud abbilden, wird dieses Unternehmen mit hoher Wahrscheinlichkeit Kontakt zu einem US-amerikanischen Unternehmen mit einem Rechenzentrum in der EU aufnehmen.

Die meisten Verträge kommen somit unter Beteiligten mit Unternehmenssitz in verschiedenen Nationen zustande. Hier kann neben dem Standort ebenfalls das geltende Recht differieren. Dies wiederum führt dazu, dass bei der rechtlichen Ausgestaltung die Vertragsfreiheit vorliegt und ein Konsens getroffen werden muss, welches Landesrecht Anwendung findet. Mithin ist jedoch der Rechtsrahmen nicht abschließend definiert. Cloud Storage Provider (CSP) aus den USA sind dabei an den sog. US-amerikanischen Patriot Act gebunden. Der Patriot Act ist eine direkte Reaktion der USA auf die Anschläge des 11. September 2001. Die Abkürzung USA PATRIOT Act trägt die Bedeutung „Uniting and Strengthening America by Providing Appropriate Tools Required to Intercept and Obstruct Terrorism Act of 2001". Sinngemäß übersetzt heißt dies „Gesetz zur Einigung und Stärkung Amerikas durch Bereit-

220 Vgl. BT-Drs.: a.a.O. (Ziele des Zukunftsprojekts Internet der Dienste), S. 33.

221 Vgl. Bundesministerium für Wirtschaft und Technologie (BMWi), Aktionsprogramm Cloud Computing, 2010, S. 10, http://www.bmwi.de/BMWi/Redaktion/PDF/Publikationen/Technologie-und-Innovation/aktionsprogramm-cloud-computing,property=pdf,bereich=bmwi2012,sprache=de,rwb=true.pdf , Zugriff am 07.09.2015.

stellung geeigneter Instrumente, die notwendig sind, um Terrorismus aufzuhalten und zu blockieren". Erlassen am 26. Oktober 2001 zielte dieses Gesetz folglich darauf ab, den Terrorismus effektiver bekämpfen zu können.[222] Insbesondere Geheimdienstorganisationen erhalten durch dieses neue Befugnisse mit Hinblick auf die Einsicht in Daten, die datenschutzrechtlich geschützt sind. Damit weicht diese Neuausrichtung die Grenzen zwischen Exekutive und Judikative auf und verpflichtet bspw. US-amerikanische Unternehmen wie CSP dazu, Behörden auf Anfrage Zugriff auf die bei ihnen gespeicherten Daten eines Kunden zu verschaffen.

Der Begriff „Zugriff verschaffen" umfasst u.a. die Einsichtnahme in Daten, die physisch nicht in den USA vorliegen müssen. Damit werden auch Daten eingeschlossen, die bei einem Tochterunternehmen in Europa gespeichert sind.[223] So musste, wie wir erfuhren, Amazon als US-amerikanisches Unternehmen seine auf einem irischen Server gespeicherten Wikileaks-Daten der NSA zugänglich machen.[224]

An eben dieser Stelle schließt sich der Kreis im Sinne von Industrie 4.0 und der visionären Vernetzung über Cloud-Dienste. Somit sollten wir uns an dieser Stelle bewusst werden: Ein Unternehmen, das seine Daten in der Cloud eines US-amerikanischen Unternehmens bevorratet, setzt sich dem Risiko aus, dass diese Daten ohne seine Zustimmung zugänglich gemacht werden.

Die eingehend zitierte Studie des HPI konzentrierte sich auf sechs der größten Anbieter auf dem CSP-Markt (Amazon S3, Google Cloud Storage, Microsoft Windows Azure Blob Storage, HP Cloud Object Storage, Rackspace Cloud Files und Nirvanix Public Cloud Storage).

222 Teile des Patriot Act liefen am 01.06.2015 aus, wurden jedoch umgehend durch den Freedom Act am 02.06.2015 ersetzt. Änderungen ergaben sich im Bereich der offenkundig willkürlichen Speicherung von Daten durch die NSA. Siehe dazu auch:
1.) http://edition.cnn.com/2015/05/30/politics/what-happens-if-the-patriot-act-provisions-expire, Zugriff am 08.02.2016.
2.) http://www.nbcnews.com/storyline/nsa-snooping/senate-vote-measure-reform-nsa-surveillance-n368341, Zugriff am 08.02.2016.

223 Vgl. Meinel, C. et.al.: Anbieter von Cloud Speicherdiensten im Überblick, 2014, S. 23, http://goo.gl/5vCuA1 , Zugriff am 15.12.2015.

224 Vgl. Weiss, H.: Cloud-Computing: Anbieter reagieren auf Sicherheitsbedenken der Unternehmen, in: a.a.O.

Der Anbieter Nirvanix meldete kurz nach der Erstellung der Studie, im Herbst 2013, Insolvenz an.[225] Dies verdeutlicht, dass der Umstand einer Insolvenz ebenfalls kein theoretisches Kalkül ohne Realitätsbezug darstellt. Keiner der oben genannten Anbieter äußert sich im Vertragswerk zu der Frage, was mit den Daten in einem solchen Fall passiert.[226]

Die Hardware gerät in die Insolvenzmasse und die eigenen technischen Zeichnungen sind auf dieser gespeichert. Dabei muss es noch nicht einmal so drastisch ausfallen. Selbst im Falle einer Übernahme des einen Anbieters durch den anderen kann lediglich darauf vertraut werden, dass die eigenen Daten nicht ohne eine spezifische Freigabe des Eigners übernommen werden.

Dass neben diesen beiden Risiken grundlegend funktionale Eigenschaften vorhanden sein müssen, ist sachlogisch nachzuvollziehen. An dieser Stelle sind Parameter wie „garantierte Verfügbarkeit" und „Verschlüsselungsmöglichkeit" ebenso wichtig und stellen branchenintern keineswegs normierte Größen dar.

Im schlimmsten Falle besteht kein nutzerseitiges Eigentumsrecht an den eigenen Daten, die alle außerhalb der EU gespeichert werden und im Insolvenzfall keinen Schutz erfahren, wie am untersuchten Beispiel Hewlett Packard Cloud Object Storage.

Das deutsche Bundesministerium für Wirtschaft und Technologie fokussierte sich in seinem „Aktionsprogramm Cloud Computing" hingegen auf die technischen Möglichkeiten durch die Cloud-Nutzung und vertritt diesbezüglich den Standpunkt:

„Bei diesem Auslagern von Software- oder sogar Hardwarefunktionen der Anwender an spezialisierte IT-Anbieter müssen die Anwender nicht mehr wissen, wo sich die ausgelagerten Daten oder Anwendungen „in der Wolke" befinden. Der Nutzer soll die aktuell benötigten Dienste in

225 Vgl. Allgaier, H.-J.: CeBit-Thema Cloud: HPI veröffentlicht Vergleichstest der größten Anbieter, 2014, S. 1, http://goo.gl/Mgf27E, Zugriff am 15.12.2015.
226 Vgl. Meinel, C. et al.: a.a.O., S. 11.

Anspruch nehmen können, ohne mit der konkreten technischen Infrastruktur und deren Administration konfrontiert zu werden."[227]

In dem 40-seitigen Dokument des Bundesministeriums – entstanden in maßgeblicher Zusammenarbeit mit dem BITKOM – existieren keine Antworten zur Regelung im Insolvenzfall oder zu den Eigentumsrechten an den eigenen in die Cloud eingebrachten Daten. Dinge, die man mit einem deutschen Konkurrenzprodukt künftig besser machen möchte? Dieser Umstand mag zum Nachdenken anregen. Ein vom Bundesministerium veröffentlichtes Dokument als Aktionsprogramm zum Cloud Computing, erstellt unter Mitarbeit eines Verbandes, der in Deutschland eine wettbewerbsfähige Industrie für Cloud Computing etablieren möchte, ignorierte maßgebliches Gefahrenpotenzial in radikaler Weise.[228] Vielmehr lautet die Aufforderung zu Industrie 4.0: „Alles in die Cloud, JETZT", denn ohne Cloud geht nichts![229]

Dies kommt, selbst einige Jahre nach dieser Veröffentlichung, dem Ratschlag gleich, als Unternehmer mit verbundenen Augen ein Mienenfeld zu betreten. Dabei schwört ein jeder Bundesminister, auch jene vom BMBF, beim Amtsantritt u.a., dass er seine Kraft dem Wohle des deutschen Volkes widmen, seinen Nutzen mehren und Schaden von ihm wenden werde. In augenscheinlich fahrlässiger Weise wird in Kauf genommen, den beiden letztgenannten Punkten dabei wenig pflichtbewusst nachzukommen.

Den Menschen, die ihr Geld hingegen auf sog. „Hackermarktplätzen" verdienen, stehen rosige Zeiten bevor. Bei ihnen kann man, wie wir gelernt haben, von einfachen Angriffen bis hin zur Infiltrierung kompletter Unternehmensnetzwerke Aufträge platzieren. Wenn also nach der Vorstellung der Cloud-Anhänger alle deutschen Industrieunternehmen ihre Daten auf diese Art speichern, dann liegen alle, aber auch wirklich alle Geheimnisse des Wettbewerbsvorsprungs und des

227 Vgl. Bundesministerium für Wirtschaft und Technologie (BMWi), Aktionsprogramm Cloud Computing, 2010, S. 10, a.a.O.

228 Vgl. BT-Drs.: a.a.O. (Ziele des Zukunftsprojekts Internet der Dienste), S. 33.

229 Vgl. Henkes,H. / Zilich, A.: Industrie 4.0 im Kontext von Cloud Computing – ohne Cloud geht nichts, in: ICT News Dach, Experton-Group (Hrsg.), http://www.experton-group.de/research/ict-news-dach/news/industrie-40-im-kontext-von-cloud-computing-ohne-cloud-geht-nichts.html, Zugriff am 16.09.2015.

Wohlstands einer weltweit führenden Industrienation in diesen Datenspeichern. Naiv zu glauben, dass dies keine Begehrlichkeiten weckt. Je nach Detaillierungsgrad der abgebildeten Software in der Cloud sind durch diese explizite Rückschlüsse auf die unternehmerische Tätigkeit und Strategie möglich. Von Bewegungsdaten über Rüstzeiten bis hin zu angegebenen Produktionsressourcen, wo anhand der Maschinenbezeichnung ein Rückschluss auf das Fertigungsverfahren möglich wird. Da könnte man ja gleich das Werkstor öffnen und es unbekannten Besuchern ermöglichen, in die Produktion, in die Entwicklung und in den kaufmännischen Bereich zu gehen und sich dort in aller Ruhe umzuschauen.

So würde Industriespionage natürlich richtig Spaß machen! Schließlich müsste man nicht mehr tausende von unternehmenseigenen Firewalls überwinden, sondern nur noch eine Handvoll Clouds anzapfen.

Die Cloud birgt somit ein wahrlich gefährliches Terrain für die Aufbewahrung sensibler Daten oder die Nutzung als virtuellen Arbeitsplatz. Lösungen – ganz im Sinne von Industrie 4.0 – existieren bereits. So z.B. im Rahmen des Internet der Dienste. Unternehmen können über die Private Cloud auf die oberhalb angesprochene CAD-Software zugreifen, wie beim Produkt „CAD-Cloud".[230]

Geraten diese Wolken mit ihrer enormen Informations- und Innovationsdatendichte in das Visier gezielter Angreifer, handelt es sich bei dem, was dann folgt, um kein Einzelschicksal, das lediglich ein Unternehmen tangiert. Fließt Wissen und Know-how aus diesen Wolken ungewollt ab, führt dies zu einem gleichzeitigen Abfluss unseres Wohlstandes von morgen. Selbst der simple Umstand einer Insolvenz eines Cloud Storage Providers kann zu größten Problemen führen, Herr über die eigenen Daten zu bleiben.

230 Vgl. Heckl, W. / Mack, J.: Die Cloud für Ihre CAD-Umgebung, http://www.cloud-cad.de/cadcloud-overview.html, Zugriff, am 22.12.2015.

Solange diese Probleme nicht gelöst sind, ist die Verwendung derartiger Technologien – beworben durch Industrie 4.0 – nichts Geringeres als der Frontalangriff auf unseren Wohlstand.

Nicht ganz so extrem, aber von der Grundaussage her gleich sieht dies Prof. Dr. Jürgen Quade von der Hochschule Niederrhein. Aus seiner Sicht als Ingenieur und Informatiker erwartet er natürlich, dass Geräte zu vernetzen sind, um sie miteinander reden zu lassen. Dies ist seiner Meinung nach durchaus sinnvoll und kann dem Menschen helfen – muss es aber nicht zwangsläufig.

Es ist seiner Meinung nach weniger eine Frage des „Was" als vielmehr des „Wie". Bei der Vernetzung darf kein System entstehen, das den Geheimdiensten die Totalüberwachung ermöglicht. Hier fehle definitiv ausreichende Sensibilität und gesundes Misstrauen! Wir können, so Quade, Anlagen mit hohem Sicherheitsniveau entwickeln, müssen dazu aber auch viel investieren. Nur denken seiner Meinung nach die meisten an das Gaspedal und eben nicht an die Bremse. Heraus kommt dann ein rasantes Superauto, das entweder nur auf einem Salzsee fahren kann oder aber kurz nach dem Start in einen schweren Unfall verwickelt ist.

Quade sagt, er müsse auch immer wieder den Kopf schütteln, wie sich Unternehmen von der „sicheren" Cloud begeistern lassen, bei denen die Verschlüsselung – wenn überhaupt – beim Betreiber liegt. Cloud-Technik ist in Ordnung, wenn der Nutzer sie selber betreibt, mindestens aber die Verschlüsselung selbst durchführt. Ansonsten...

Das Szenario, dass wir unser Produktions-Know-how verlieren, hält Quade bei Industrie 4.0 also durchaus für möglich. Deshalb dürfen wir seiner Meinung aber Industrie 4.0 nicht „verteufeln", sondern dafür sorgen, dass die Anlagen sicher werden.

Sie halten das noch immer für übertrieben?

8.3 Geheim war gestern – wenn Rezepturen sprechen lernen

Sucht man nach Anwendungsszenarien bei der Cloud-Nutzung, wird man unmittelbar mit den Begriffen der vertikalen und der horizontalen Integration konfrontiert. Vertikale Integration: Eine der in definitorischen Ansätzen und Visionen von Industrie 4.0 regelmäßig zu findenden Aussagen ist, dass die horizontale und vertikale Vernetzung als maßgebliche Bestandteile zur vierten Stufe der Industrialisierung führen.[231] Die vertikale Vernetzung zielt dabei auf die Integration der verschiedenen IT-Systeme differenter IT-Hierarchieebenen innerhalb der Unternehmung ab. Das Ziel besteht darin, eine Durchgängigkeit an den Übergängen von z.B. der Aktor- und Sensorebene zur nächsthöheren Steuerungsebene und von dieser zur übergeordneten Produktionsleitebene usw. zu realisieren.[232] Dabei sollen Sensordaten, ganz im Sinne von Industrie 4.0, in einer Cloud, und damit im Internet, abgebildet werden.[233] Dieses Vorgehen soll zu einer dramatischen Transparenzerhöhung führen.[234] Die konkrete Idee dabei ist, dass bspw. ein Sensor aufgewertet zum cyber-physischen System oder ausgestattet mit einem Web-Interface in die Lage versetzt wird, seine Daten in die Cloud hochzuladen. Nehmen wir an, es handelt sich um einen Sensor, der Druckwerte ermittelt. Dieser soll künftig als CPS in der Lage sein, die physikalische Messgröße „Druck" eigenständig auszuwerten und das Ergebnis autonom in die Cloud zu übertragen. Bis dato bestanden zumeist Kabel- oder in selteneren Fällen auch Drahtlosverbindungen, die mit der übergeordneten Maschinensteuerung, einige Meter entfernt, verbunden waren. Ein Leitrechner wertete die Daten aus und steuerte entsprechende Aktoren an.

Neben unbeantworteten rechtlichen Aspekten des Cloud Computing stellt die Anbindung von Maschinen und Sensoren an das Internet eine reale Bedrohung dar. Insbesondere, dass das obige Vorhaben der Ma-

231 Vgl. Promotorengruppe Kommunikation der Forschungsunion Wirtschaft – Wissenschaft: Umsetzungsempfehlungen für das Zukunftsprojekt Industrie 4.0, 2012, S. 10, a.a.O.

232 Vgl. Promotorengruppe Kommunikation der Forschungsunion Wirtschaft – Wissenschaft: (2013), S. 24, a.a.O.

233 Vgl. Spinnarke, S.: Industrie 4.0: Sensorhersteller rüsten sich, in: a.a.O.

234 Vgl. Spinnarke, S.: „Wir nutzen Industrie 4.0", in: a.a.O.

schinen- und Sensoranbindung an die Cloud u.a. von der Firma Siemens erfolgt, erscheint bei den unternehmenseigenen Erfahrungen mit manipulierten Systemen als außerordentlich überraschend. Der Computerwurm Stuxnet zeigte der Fachwelt – und insbesondere Siemens – einprägsam auf, wie subtil Cyberangriffe im Verborgenen bei vertikalen Vernetzungen bis auf Sensorebene stattfinden. Bei Stuxnet handelt es sich um einen Computerwurm, der in zwei Varianten bekannt ist und erstmalig durch die Firma Symantec Corporation beschrieben wurde. Eines der ersten Ziele war die iranische Nuklearanlage Nataz im Jahr 2008. Genauer gesagt waren es die von einem Siemens S7-417 Controller (SPS) gesteuerten Zentrifugen für die Anreicherung von Uran.

War die erste Version von Stuxnet eingeschleust, so erhöhte diese schleichend den Druck in den Zentrifugen. Der Druckanstieg wurde dabei so langsam und sorgfältig vorgenommen, dass der folgende Ausfall der Komponenten das Resultat eines normalen Alterungsprozesses und nicht eine mutwillige Zerstörung zu sein schien. Bevor die eigentliche Druckmanipulation stattfand, zeichnete Stuxnet eine 21 Sekunden lange Messwertreihe auf und spielte diese in einer Endlosschleife ein, sodass die Mitarbeiter vor den Kontrollmonitoren von dem Vorgang der Druckerhöhung nichts bemerkten. Durch falsche und dem Sollwert entsprechende Sensorwerte hatte keine Kontroll- oder Warnlogik eine Möglichkeit, während des Angriffs zu reagieren. Im Nachgang dieses Angriffs wurden alle Zentrifugen in Nataz mit analogen Druckmanometern ohne jegliche Kabel ausgestattet, die nunmehr wieder durch Mitarbeiter manuell überprüft werden.[235]

Der Vorfall in Nataz zeigte damit eindrucksvoll auf, wie – die nötige kriminelle Energie vorausgesetzt – Institutionen digital infiltriert und manipuliert werden können. Die logische Schlussfolgerung und nicht minder Handlungsempfehlung durch die Industrie 4.0-Brille sollte folglich sein: Vernetzung, insbesondere von versorgungskritischer Infrastruktur bis auf Sensorebene, so restriktiv wie nur irgend möglich

235 Vgl. Langer, R.: To kill a centrifuge, 2013, S. 8, http://www.langner.com/en/wp-content/uploads/2013/11/To-kill-a-centrifuge.pdf, Zugriff am 03.12.2015.

zu betreiben. Wer würde schon auf die Idee kommen, sein eigenes Haus und die Stadtwerke vor Ort mit einer umfassenden Vernetzung zu durchziehen, weil es technisch möglich ist? Völlig abwegig, würde man meinen.

Falsch gedacht: Denn genau dies ist der gedankliche Status quo, bei dem kein Prozess in der Energie- und Wasserversorgung ohne direkte Verbindung zu den Kommunikationsnetzwerken mehr auskommt. Smarte Unternehmensberatungen wollen auch dieser Branche dazu verhelfen, ein Stück vom besagten Industrie 4.0-Profitkuchen abzubekommen. Bald soll alles in den eigenen vier Wänden intelligent sein. Von der intelligent gesteuerten Zentralheizung, intelligenten Thermostaten oder aber jeglichen Stromverbrauchern. Angebunden an die digitale Smart-Home-Kundenschnittstelle ihrer Stadtwerke. Als krönender Abschluss stehen dem Kunden und seinem Anbieter eine Transparenz-förderliche Analyse der Daten zur Verfügung. Freilich redet man in Interviews zu diesem Thema auch über Defizite aus dem Bereich Security.[236] Der Iran ist zwar gut 5000 Kilometer von Deutschland entfernt, aber schuld sein möchte selbstredend im Nachgang niemand, der das Thema nicht wenigstens beiläufig tangiert hätte. Ein gezielter Angriff auf einen regionalen Energieversorger mag für die zwei Millionen angeschlossenen Privathaushalte ärgerlich sein. Der Gefrierschrank taut ab und es gibt Abendessen bei Kerzenschein.

Doch welche Tragweite nimmt ein solcher Vorfall für angeschlossene Industrieunternehmen an? Welche volkswirtschaftlichen Schäden resultieren aus einer stehenden Produktion? Stellen Sie sich vor, Sie schalten einen Elektrolichtbogenofen in einem Stahlwerk unplanmäßig und für längere Zeit ab, in dem gerade 200 Tonnen Stahlschrott geschmolzen werden. Im ungünstigen Fall erschafft dies einen 200 Tonnen schweren Stahlklumpen, der allenfalls als unhandliche, aber moderne Kunst am Rheinufer Verwendung finden könnte. Das Büro für Technikfolgen-Abschätzung beim Deutschen Bundestag hat sich in den Jahren 2011-2014 mit eben diesem Thema beschäftigt. Zuverläs-

236 Vgl. Pasche, E.: Skepsis der Stadtwerke in Sachen Industrie 4.0, in: VDI Nachrichten, 2015, Nr. 39, S. 8.

sigkeit und Sicherheit der Stromnetze stehen danach nicht minder vor der neuartigen Herausforderung hinsichtlich krimineller Manipulation – hervorgerufen durch die verstärkte Nutzung von Informations- und Kommunikationstechnologien im Stromversorgungssystem.[237]

Die Realität sollte zeigen, dass diese These nicht weit hergeholt war. Im Bericht zur Lage der IT-Sicherheit 2014 des Bundesamtes für Sicherheit in der Informationstechnik können wir einen solchen Fall nachlesen.

Es klingt erneut verdächtig stark nach einem Hollywoodfilm, gedreht in einem deutschen Stahlwerk. Bei der Schadenswirkung war es so, dass sich die Ausfälle einzelner Steuerungskomponenten häuften. Ausgehend vom Büronetz des Stahlwerks arbeiteten sich die Angreifer bis in die Produktion vor. Die Ausfälle führten final dazu, dass eine Regelung (oder ein Herunterfahren) des Hochofens nicht mehr möglich war. In Folge entstanden massive Beschädigungen der Anlage. „Das Know-how der Angreifer war nicht nur im Bereich der klassischen IT-Sicherheit sehr ausgeprägt, sondern erstreckte sich auch auf detailliertes Fachwissen zu den eingesetzten Industriesteuerungen und Produktionsprozessen."[238] Also doch: wenig verwunderlich, aber real. Methoden à la Stuxnet haben den weiten Weg zu uns gefunden. Folgt man der Auffassung der britischen Regierung, ist die Bedrohung durch Software-Angriffe gefährlicher als die durch Atomangriffe.[239] Eine schon vor mehreren Jahren veröffentlichte Studie, erhältlich auf der britischen Regierungshomepage, beziffert den Schaden des Vereinigten Königreichs, verursacht durch Cyberkriminalität, auf 27 Milliarden Pfund jährlich (34,79 Milliarden Euro). Davon entfallen 9,7 Milliarden Pfund (12,5 Milliarden Euro[240]) auf den Diebstahl geistigen Eigentums von Industrieunternehmen. Dabei lautet eine Kernaussage dieser Studie: „In many cases, we believe that companies may be completely unaware that they are the victims of industrial espionage."[241]

237 Grünwald, R.: Moderne Stromnetze als Schlüsselelement einer nachhaltigen Energieversorgung, http://www.tab-beim-bundestag.de/de/pdf/publikationen/berichte/TAB-Arbeitsbericht-ab162.pdf, Zugriff am 11.11.2015.

238 SI: Die Lage der IT-Sicherheit in Deutschland, 2014, S. 31, https://goo.gl/F6gsov, Zugriff am 11.11.2015.

239 Vgl. Knüpffer, G.: Gefährlicher als Atomangriff, in: Produktion, 2014, Nr. 40, S. 10 f.

240 Umrechung am 13.02.2016: 1 Britisches Pfund = 1,2885 Euro.

241 Vgl. Detica Limited (Hrsg.): The cost of cyber crime, 2011, S. 16 ff., https://www.gov.uk/government/uploads/system/uploads/attachment_data/file/60943/the-cost-of-cyber-crime-full-report.pdf, Zugriff am 28.06.2016.

Sie hätten es gerne etwas räumlich näher? Gerne! Ein Mitarbeiter eines Fraunhofer-Instituts berichtete im Zusammenhang mit Industrie 4.0 aus einem Projekt. Dort ging es darum, die Vielfalt der Betriebszustände, die eine Anlage zur Herstellung von Klebstoff einnehmen konnte, zu reduzieren. Die dahinterstehende Absicht war, die für den Anlagenbediener verwirrende Vielfalt an Ausnahmemeldungen auf wenige Grundtypen zu verdichten, um den Bediener in die Lage zu versetzen, schnell die richtige Maßnahme zum Wiederanlauf der Anlage durchzuführen. Also haben sich die Forscher zum Ziel gesetzt, alle möglichen Maschinenzustände zu erfassen und diese auf gemeinsame Kerne zurückzuführen. Beeindruckend zu sehen, wie in der den Vortrag begleitenden Animation sich die unterschiedlichen Betriebszustände in Form von Prozessketten auftürmten, um anschließend mittels Mathematik und Analystics in eine Handvoll Cluster zusammengefasst zu werden. Soweit so gut. Ganz beiläufig wurde aber erklärt, dass die Rezeptur des Klebstoffes – quasi als Abfallprodukt der Auswertung – angefallen ist. Das war durchaus nachvollziehbar: Denn es wurde eine Vielzahl von Prozessdaten erfasst, wie Durchflussmengen, Viskositäten, Temperaturen u.a. Das Problem: Die Rezeptur war eigentlich geheim. War!

Denn jetzt ist sie es nicht mehr. Natürlich mussten sich die Forscher bereit erklären, diese Rezeptur in Präsentationen nicht unbeabsichtigt einem breiten Publikum zugänglich zu machen. Aber das kann ja nicht die Lösung sein. Dem Klebstoffproduzenten muss spätestens seit dieser Episode klar sein, dass Betriebsgeheimnisse mittels Big Data und Analytics rekonstruierbar sind. Der Forscher hingegen machte nicht den Eindruck, als ob er dies für problematisch hielt. Auch im Auditorium schien dies niemanden sonderlich beunruhigt zu haben.

Und genau das ist es, was uns beunruhigt. Lassen Sie uns daher – wie an unzähligen anderen Stellen – kritisch bleiben, wenn es darum geht, technologiegetriebene Geschäftsmodelle erzwingen zu wollen ohne sich der eigenen Verantwortung bewusst zu sein.

8.4 Das Dilemma

Eine Situation, in der es zwei Handlungsoptionen gibt, beide jedoch zu einem ungewünschten Resultat führen, nennt man ein Dilemma. Und in diesem steckt Industrie 4.0.

Die horizontale Integration zielt auf die Integration unterschiedlicher IT-Systeme ab, die für die differenten Prozessschritte der Produktion und Unternehmensplanung zum Einsatz kommen und zwischen denen der Austausch von Material, Energie oder Informationen stattfindet. Diese Integrationsform wird dabei unternehmensintern – z.B. zwischen der Fertigung und der Vermarktung – wie auch unternehmensübergreifend, entlang des Wertschöpfungsnetzwerkes verfolgt.[242]

Auch diese Form der Vernetzung sieht eine Datenbevorratung und den Austausch über die Cloud vor. Unternehmensübergreifend wird die horizontale Integration regelmäßig in Zusammenhang mit Logistikprozessen wie der Eingangs- und Ausgangslogistik genannt.[243] Dass diese Daten für vor- und nachgelagerte Partner der Wertschöpfungskette von Relevanz sind, erscheint sachdienlich und vom Ansatz her wenig revolutionär. Für eine Just-in-Time / Just-in-Sequence-Produktion wird zwangsläufig ein Datenaustausch – auch über die eigenen Unternehmensmauern hinweg – notwendig.

Bereits im Jahr 1985 veröffentlichte der US-amerikanischer Ökonom und Universitätsprofessor für Wirtschaftswissenschaft am Institute for Strategy and Competitiveness an der Harvard Business School, Michael E. Porter, in seinem Buch Competitive Advantages den Ansatz einer Horizontalstrategie. Porter warnt maßgeblich davor, notwendige materielle wie auch immaterielle Verflechtungen zu übersehen. Noch viel wichtiger ist jedoch die Gefahr der wahllosen – horizontalen – Verflechtung, was dem Eindruck entspricht, den man von Industrie 4.0 erhält.[244] Vernetzung aus dem Grund, weil es technisch machbar ist.

242 Vgl. Promotorengruppe Kommunikation der Forschungsunion Wirtschaft –Wissenschaft: a.a.O. (2013), S. 24.

243 Vgl. Promotorengruppe Kommunikation der Forschungsunion Wirtschaft –Wissenschaft: a.a.O. (2013), S. 24.

244 Porter, M.E.: Wettbewerbsvorteile, Frankfurt/Main, 1986, S. 486 f.

Cloud Computing bietet unumstritten eine große Anzahl neuer Möglichkeiten. Über sehr unterschiedliche Erscheinungsformen lässt sich diese Technologie mit Hinblick auf die Bedürfnisse des Kunden adaptieren. Neben den Möglichkeiten dürfte nun kein Zweifel hinsichtlich der Tatsache einer neuen Sphäre der Bedrohung bestehen, so dass der Datentransfer über die Cloud bei sensiblen Daten und Prozessen kritisch hinterfragt werden sollte.

Nicht jede Cloud-Lösung ist per se schlecht. Lösungen wie eProcurement[245], gerne auch in der Cloud abgebildet, sind gute Beispiele, wie man die Cloud sinnvoll nutzen kann. Insbesondere bei der vertikalen Vernetzung, bis – wie angeführt – auf Sensorebene von Maschinen, stellt sich die Frage der Sinnhaftigkeit eines Hochladens aller Daten eines cyber-physischen Produktionssystems in die Cloud, um sie in Folge für eine weitergehende Verwendung im Unternehmen wieder aus der Cloud herunterzuladen. Warum müssen die Sensordaten aus einer Maschine künftig den Umweg über die USA gehen, bis wir diese wieder in unser Unternehmen herunterladen? Die Erläuterung des generierten Mehrwertes bleiben uns die Initiatoren dieser Idee – wie bereits so häufig erwähnt – nach wie vor schuldig.

Der Wunsch nach inflationärer Vernetzung – horizontal wie auch vertikal – sollte dabei künftig an einem klar definierten und ökonomisch sinnhaften Ziel ausgerichtet werden. Diesbezüglich mangelt es den Veröffentlichungen und Technologien im Kontext von Industrie 4.0 an Differenzierungsvermögen. Ein analytisches Vorgehen würde bedingen, notwendige Integration bzw. Verflechtungen zu ergründen und strukturelle Mängel zu beheben. In letzter Instanz wäre zu bedenken, und darauf geht Porter ebenfalls maßgeblich ein, dass auch künftig Menschen diese Systeme akzeptieren und mit ihnen arbeiten müssen.

Einer Vernetzung geht dabei eine Angleichung von Prozessen bzw. Systemen voraus. Dieser Vereinheitlichung steht dabei regelmäßig die

245 eProcurement: Über diese Form der elektronischen Beschaffung lassen sich insbesondere C-Teile, mit überproportional hohem Prozesskostenanteil im Vergleich zum geringen Einkaufspreis über eine elektronische Beschaffungsplattform erheblich günstiger beschaffen. Bsp.: Mitarbeiter können eigenständig aus einem vorgegebenen Sortiment Verbrauchsmaterialien wie Büromaterial, Klebeband, Kabelbinder etc. online bestellen.

Überzeugung des einzelnen Mitarbeiters oder aber der einzelnen Abteilung gegenüber, selber die best Practice zu praktizieren. Das generiert Konfliktpotenzial.

Neben inhaltlichen Aspekten konnte bei der tiefgreifenden Analyse von Industrie 4.0-Dokumenten beobachtet werden, dass in Zeiten steigender Komplexität der Systeme eine Verschiebung im Angebot für Sicherheitslösungen und Software stattfindet. Das Bundesamt für Sicherheit in der Informationstechnik, kurz BSI, hat den jahrelangen Support und die Entwicklung ihres eigenen Tools (GSTOOL) für den Grundschutz im September 2013 aus wirtschaftlichen Gründen eingestellt.[246] Entscheidungen wie diese ebnen den Weg für Ziele der IT-Branche – Privatwirtschaft – vertreten durch den Verband BITKOM, der wie bereits erläutert zur Entwicklung einer wettbewerbsfähigen Industrie für Cloud Services am Standort Deutschland beitragen möchte.[247] Branchenvertreter verkünden, dass Sicherheit in der Cloud realisierbar ist, da die hochskalierbaren Lösungen von Profis betrieben werden.[248]

Dieser Einschätzung steht die Meinung renommierter Forschungseinrichtungen entgegen, dass Deutschland über unzureichende Kompetenzen für Internet- und Cloud-Technologien verfügt,[249] wonach das Ziel einer Hochsicherheits-Cloud noch in weiter Ferne liegt.[250] Ungeachtet dieser Tatsache übertreffen sich die avisierten Potenziale für Cloud Computing.

Das Dilemma lautet: Öffnet sich das Unternehmen horizontal, ist das Wissen weg – und damit der Wettbewerbsvorsprung. Natürlich: Wissen ist der einzige Rohstoff, der sich durch Teilen vermehrt. Das hört man immer wieder. Aber er verliert auch mit jeder Teilung an Wert. Und das wird häufig verschwiegen. Verschließt sich das Unternehmen, ist das Business weg, da ja die webbasierte Vernetzung quasi die Eintrittskarte ist.

246 Vgl. Bundesamt für Sicherheit in der Informationstechnik, BSI stellt Entwicklung des GSTOOL 5.0 ein, https://www.bsi.bund.de/DE/Presse/Pressemitteilungen/Presse2013/BSI_stellt_Entwicklung_GSTOOL_5_ein_19092013.html, Zugriff am 08.10.2015.

247 Vgl. BT-Drs.: a.a.O. (Ziele des Zukunftsprojekts Internet der Dienste), S. 33.

248 Vgl. Girschner, S.: Hat Snowden-Weckruf die deutsche Industrie erreicht? in: a.a.O.

249 Vgl. o.V., Cyber-Physical Systems: a.a.O.

250 Vgl. Weiss, H.: Cloud-Computing: a.a.O. (Anbieter reagieren auf Sicherheitsbedenken der Unternehmen),S. 12.

Als Ausweg aus diesem Dilemma entwickeln erste Unternehmen wie Bosch ihre eigenen Clouds.[251] Wenn aber jeder seine eigenen Standards entwickelt, dann führt dies dazu, dass diejenigen, die am Ende der Nahrungskette der Wertschöpfung stehen, einmal mehr die gesamte Komplexität abgeladen kommen. Am besten sind natürlich wieder einmal diejenigen dran, die den direkten Kontakt zum Endkunden haben.

Mutmaßlich wird es genau dazu kommen: Statt der alles verbindenden Cloud gibt es konkurrierende und parallel existierende Systeme. Ausgewählte Netzwerke unter vertrauenswürdigen Partnern, abgeschottet gegenüber der Außenwelt – ist das die Vision der vernetzten Wirtschaft?

Jede Form der Abschottung, etwa durch eine Industrie 4.0-kompatible und vertrauenswürdig-deutsche Cloud, ist auf globalen Märkten nicht durchzuhalten – außer natürlich, die deutsche Cloud ist der globale Standard. Nun ja, man wird ja nochmal träumen dürfen...

Wie dem auch sei: Faktisch lehnen ca. 40 Prozent aller mittelständischen Fertigungsunternehmen Cloud Services grundlegend ab. Selbst Stand Oktober 2015 ist man der Auffassung, dass das Misstrauen der Mittelständler gegenüber Cloud-Technologien notwendige Innovationen wie Industrie 4.0 hemmt.[252]

Aus Sicht der Cloud-Anbieter braucht der Mittelstand Hilfe, hat Hemmungen, zu wenige Fachkräfte, ist zurückhaltend oder gar skeptisch und muss überzeugt werden, Technologien von Leitanbietern zu nutzen.[253] Allein es nützt nichts: Sie weigern sich, ihr Know-how in die Cloud zu laden.

251 Bosch: Software Innovations, https://www.bosch-si.com/de/produkte/bosch-iot-suite/iot-cloud/bosch-iot-cloud-2.html, Zugriff am 26.05.2016.

252 Vgl. Pohl, J.: Cloud-Ängste stehen IT-Innovationen im Mittelstand im Weg, https://www.springerprofessional.de/technische-informatik/it-organisation/cloud-aengste-stehen-it-innovationen-im-mittelstand-im-weg/6607336, Zugriff am 04.05.2016.

253 Vgl. Weiss, H.: Cloud-Computing: a.a.O. (Anbieter reagieren auf Sicherheitsbedenken der Unternehmen), S. 12.

Die Branche der Anbieter hingegen versucht zwanghaft, Märkte zu erschließen, was am Umstand des Preisverfalls deutlich wird. So senkte Amazon seit 2006 bereits 42-mal die Preise und führte im März 2014 eine weitere Preissenkung von bis zu 61 Prozent für diverse Cloud Services durch.[254]

Leider kann das Unternehmen nicht damit werben, die Sicherheit von Cloud Computing seit dem Jahr 2006 über 42-mal messbar erhöht zu haben. Mangels profunder Sicherheitslösungen, offener rechtlicher Aspekte sowie Grundsatzfragen der Anwendung im Einzelfall sollen augenscheinlich besonders günstige Preise Unternehmen überzeugen, die Cloud zu nutzen. Getreu dem Motto: „Sicher ist es nicht, aber dafür besonders günstig".

Industrie 4.0 und die Cloud bedeutet also nichts geringeres, als dass alle Daten über Produkttechnologien und Produktionsverfahren sowie sämtliche Bewegungsdaten, aus denen man Rückschlüsse auf Produktivität, Qualität, Flexibilität und Kostenstruktur produzierender Firmen ziehen kann – also alles, was den Wettbewerbsvorteil ausmacht – in Online-Datenspeichern aufbewahrt werden sollen. Von denen wissen wir spätestens seit Edward Snowden, wie unsicher sie sind. Hier ist Industrie 4.0 ein Spiel mit dem Feuer.

Abschotten ist aber keine Option. Sich bedingungslos zu öffnen auch nicht. Auch erscheint der Aufbau eigener Clouds nicht zielführend.

Was ist also zu tun? Es gibt nur eine Lösung: die Flucht nach vorne!

254 Vgl. Weiss, H.: Cloud-Computing: a.a.O. (Anbieter reagieren auf Sicherheitsbedenken der Unternehmen), S. 12; siehe auch: Kirsch, Ch.: Preiskampf: Amazon verbilligt Cloud-Dienste drastisch, http://www.heise.de/ix/meldung/Preiskampf-Amazon-verbilligt-Cloud-Dienste-drastisch-2155847.html, Zugriff am 26.05.2016.

9 Fabrikfixierte Nabelschau

Denn Industrie 4.0 arbeitet hierzulande an den falschen Themen. Es findet eine fabrik-fixierte Nabelschau statt, mit dem ausschließlichen Ziel der Effizienzverbesserung.

Industrie 4.0 irrlichtert durch die Welt der fabrikinternen Wertschöpfung. Von den Protagonisten versprochene Nutzenaspekte machen sich an der Fabrikperformance fest – in der Regel ist von Produktivität die Rede. Geht es aber nur darum, lässt sich dies einfacher und mit weniger Investitionsrisiko erzielen. Vom Risiko in der Welt der Vernetzung sein Know-how zu verlieren, ganz zu schweigen. Dies ist eine oft geäußerte Meinung von Vertretern produzierender Unternehmen, die wir ausdrücklich teilen.

9.1 Deutschland sucht den Super-Standard

Standardisierung ist das Gebot der Stunde, folgt man den Aussagen vieler Protagonisten. Die Überlegung dahinter: Erst das Vorhandensein eines technisch überzeugenden Standards macht spannende Anwendungen möglich. Deutschland sucht den Super-Standard. Aber ist es nicht umgekehrt richtig: Spannende Anwendungen bestimmen, welcher Standard sich durchsetzt? Wir meinen ja und die Amerikaner haben dies erkannt.

Vielleicht erinnern Sie sich an Ihren letzten Urlaub im exotischen Feriendomizil. Nicht selten stand man – vor zehn Jahren noch deutlich häufiger als heute – vor dem Problem, einen Adapter für mitgebrachte elektrische Geräte zu benötigen, wollte man diese am fremden Stromnetz betreiben. Wären doch nur alle Steckdosen gleich – von der Netzspannung oder Frequenz wollen wir gar nicht erst sprechen. Was also fehlt, ist ein internationaler Standard. Dieser Umstand haftet auch Industrie 4.0 an. Natürlich deutlich komplexer als in unserem Steckdosenbeispiel soll die Vernetzung sich selbst organisierender Maschinen im flüchtigen Plug & Play-Verbund den Mehrwert generieren, wie wir gelernt haben. Um dies erfolgreich zu realisieren, müssten einheitliche Standards auf der Hardware- wie auch auf Softwareebene definiert werden. In Anlehnung an die Veröffentlichungen unserer Ahnengalerie möchten wir genauer betrachten, ob dieses Unterfangen bei Industrie 4.0 von Erfolg gekrönt war – oder aktuell zu diesem geführt wird.

Im Jahr 2009 hatte man bereits das Problem erkannt. In der oberhalb angeführten Studie des ZVEI wird als maßgebliches Problem im Kontext von Embedded Systems benannt, dass eine branchenübergreifende **Standardisierung fehlt**, Hersteller einzelner Komponenten mangelhaft vernetzt sind und Heterogenität sowie Insellösungen vorherrschen.[255] Offenkundig sprach man weder eine gemeinsame Sprache, hinsichtlich der Standardisierung, noch arbeitete man unternehmensübergreifend zusammen. Status quo im Dezember 2009: Jeder kochte sein eigenes Süppchen.

Zwei weitere Winter verstrichen und unser Bauchgefühl sagte uns, dass nichts Substanzielles passiert war. Es folgte die ebenfalls in der Ahnengalerie kennengelernte Position CPS acatech im November 2011. Angekommen auf Seite elf dieser Studie war er da, der Déjà-vu-Moment. Die Defizite und Herausforderungen aus der in 2009 vorgestellten Studie des ZVEI sind unverändert aktuell: Branchenübergreifende **Standardisierung fehlt**, Hersteller einzelner Komponenten sind mangelhaft vernetzt, Heterogenität und Insellösungen herrschen vor.[256] Auf die Position CPS folgte die Agenda CPS, die im März 2012 die Problematik um Heterogenität, Insellösungen und **fehlende Standardisierung** wiederholte.[257]

Auch abseits von mit staatlichen Fördergeldern ausgestatteten Studien wurde man dem Problem nicht Herr. Um in der Chronologie zu

255 Vgl. ZVEI – Zentralverband Elektrotechnik und Elektroindustrie e.V. Kompetenzzentrum Embedded Software & Systems (Hrsg.): Nationale Roadmap Embedded Systems, a.a.O., S. 14.

256 Vgl. o.V., Cyber-Physical Systems – Wandel in Wirtschaft und Gesellschaft, in: acatech (Hrsg.): Cyber-Physical Systems: Innovationsmotor für Mobilität, Gesundheit, Energie und Produktion, 2011, S. 11, http://www.acatech.de/fileadmin/user_upload/Baumstruktur_nach_Website/Acatech/root/de/Material_fuer_Sonderseiten/Cyber-Physical-Systems/acatech_POSITION_CPS_web.pdf, Zugriff am 05.01.2016.

257 Vgl. o.V., Cyber-Physical Systems: Visionen, Charakteristika und neue Fähigkeiten, in: Geisberger, E. / Broy, M. (Hrsg.): acatech CPS, Integrierte Forschungsagenda Cyber-Physical Systems, 2012, S. 202., a.a.O.

bleiben, ein Artikel aus Oktober 2013, mit dem Titel „Wir nutzen Industrie 4.0", der als Interview mit einem Hersteller für Industriesteckverbinder veröffentlicht wurde. Auch hier – Sie erahnen es – mangelte es an **Standards** und Normen, die die Kompatibilität gewährleisten.[258]

Im Jahr 2014 veröffentlichte das Forschungsinstitut für Rationalisierung (FIR) e. V. an der RWTH Aachen einen Artikel mit dem Titel: „Informationsmanagement für Industrie 4.0". Industrie 4.0, so heißt es darin, ist die Zukunft. Daran zweifelt niemand mehr. Was meinen Sie, könnte einer der Gründe dafür sein, dass insbesondere klein- und mittelständische Unternehmen Probleme damit haben, Lösungsansätze aus den Konzepten von Industrie 4.0 mit Hinblick auf ihre eigenen Problemstellungen zu entwickeln?

Und schon wieder werden Sie vermutlich mit Ihrer Annahme richtig liegen. Neben einem Mangel an konkreten Konzepten sowie unklaren Vorstellungen des Konstrukts „Industrie 4.0" **fehlen Standards**.[259]

Was aber tun, wenn sich die nächste Hannover Messe ankündigt und Sie einer der großen deutschen Automatisierer sind? In den letzten fünf Jahren haben Sie unzählige Mitarbeiterstunden darin investiert, jene in multidisziplinären Forschungsboards zu platzieren, in der Hoffnung der „große Wurf" wäre dabei gewesen. War er aber nicht.

Das Ergebnis konnte in der Smart Factory KL (Kaiserslautern) auf einem Stand besagter Messe im Jahr 2014 bestaunt werden. Automatisierer von Festo über Phoenix Contact bis Siemens bauten auf Basis **selbst geschaffener Standards** ein herstellerübergreifendes Produktionssystem.[260]

April 2015: Die Fachpresse verkündete einen lang ersehnten Durchbruch. Das Referenzmodell Industrie 4.0 – hervorgegangen aus der Plattform Industrie 4.0 – war da. Doch was war geschehen? Der ZVEI,

258 Vgl. Spinnarke, S.: „Wir nutzen Industrie 4.0", in: a.a.O.

259 Vgl. Deindl, M. et al.: Informationsmanagement für Industrie 4.0, in: FIR- Zeitschrift für Betriebsorganisation und Unternehmensentwicklung, 15 Jg., 2014, Nr. 2, S. 10-13.

260 Vgl. Ciupek, M. / Hartbrich, I.: Industrie 4.0: Das Phantom von Nürnberg, in: VDI Nachrichten, 2014, Nr. 48, S. 9.

der BITKOM und der VDMA machten erneut gemeinsame Sache. Zusammen mit weiteren Partnern der Automatisierungsbranche – wie z.B. Bosch Rexroth – präsentierte man RAMI 4.0, das Referenzarchitekturmodell, und übergab es in einem feierlichen Akt auf der Hannover Messe 2015 an Wirtschaftsminister Sigmar Gabriel.

In einem dreidimensionalen Schichtenmodell sollen sich Industrie 4.0-Technologien einordnen und weiterentwickeln lassen. Die Leistung des Modells besteht darin, dass ein gemeinsames Verständnis für Standards, Normen sowie praktische Fallstudien entstehen sollen. Anwendbar für Unternehmen der Fertigungsautomation, des Maschinenbaus oder aber der Verfahrenstechnik.[261] Dabei sieht man das Referenzarchitekturmodell als wichtiges Etappenziel bei einer Standardisierung von Industrie 4.0 an.[262]

Sie haben an den Schnittstellen gearbeitet und ein Referenzmodell vorgestellt. Ohne Zweifel, RAMI 4.0 ist eine große Leistung, die Anerkennung verdient. Die Frage ist nur, ob man dabei überhaupt am richtigen Thema gearbeitet hat.

Die Befürworter sagen: ganz klar. Denn wenn es erst mal einen einheitlichen Standard gibt, dann werden sich überzeugende Anwendungen durchsetzen können. Vielleicht wird es aber genau umgekehrt sein. Überzeugende Anwendungen werden den Standard bestimmen. Beispiele dafür gibt es viele: Man braucht lediglich vor die Zeit von USB[263] zu schauen. Unzählige Kabelvarianten waren nötig, um Peripheriegeräte wie Drucker, eine Webcam oder eine Tastatur an den heimischen PC oder andere Geräte anzuschließen. USB als Standard zur Verbindung derartiger Geräte setzte sich durch. Warum sollte es diesmal anders sein? Zumal die Diskussionsbeiträge um einen einheitlichen Standard nicht selten in einem leidenschaftlichen Plädoyer für das eigene Format münden.

261 Vgl. ZVEI: Das Referenzarchitekturmodell Industrie 4.0 (RAMI 4.0), 2015, S. 2, http://www.zvei.org/Downloads/Automation/ZVEI-Faktenblatt-Industrie4_0-RAMI-4_0.pdf, Zugriff am 02.05.2016

262 Vgl. ZVEI: Das Referenzarchitekturmodell RAMI 4.0 und die Industrie 4.0-Komponente, http://www.zvei.org/Themen/Industrie40/Seiten/Das-Referenzarchitekturmodell-RAMI-40-und-die-Industrie-40-Komponente.aspx, Zugriff am 02.05.2016.

263 Universal Serial Bus.

Das intensive Bemühen um einen einheitlichen Industriestandard wird konterkariert von konkurrierenden Individualinteressen der Industrieausrüster. Und hier sind wir lediglich auf der nationalen Ebene.

Blicken wir über den deutschen fabrikzentrierten Ansatz hinaus, soll RAMI 4.0 auch in China und den USA Durchsetzungskraft besitzen. China bekundete auf der Hannover Messe 2015 die Bereitschaft, sich dem deutschen Vorbild anzuschließen. Das verwundert uns nicht. China wäre nicht China, würde man dort eine Technologie oder aber ein Modell mit dem Namen „RAMI 4.0" von vorneherein ablehnen, ohne es zuvor in seine Molekularbestandteile zerlegt und durchdrungen zu haben.

Bei den USA jedoch lohnt sich ein Blick hinter die Kulissen. Die Automatisierungsexperten des deutschen Maschinen- und Anlagenbaus hätten nach über einem Jahr des Ringens mit US-IT-Riesen den Kampf darüber gewonnen, wer beim Internet der Dinge das Sagen hat, hieß es.

Nicht zuletzt erklärt Prof. Dr. Siegfried Russwurm – Siemens Technologievorstand und Vorsitzender des Lenkungskreises der Plattform Industrie 4.0 – warum sich der deutsche Ansatz auch in Übersee durchgesetzt hat: „Was richtig und wahr ist, das setzt sich auch durch."[264] Stimmt das? Haben die smarten deutschen Automatisierungsexperten (David) den Kampf gegen die übermächtigen US-IT-Riesen (Goliath) tatsächlich gewonnen?

Um es vorweg zu nehmen: nein.

USA: Im Jahr 2014 mit dem Industrial Internet Consortium (IIC) gestartet, fokussieren sich dort heute mehr als 250 Mitglieder auf das Industrial Internet. Verfolgt werden feldübergreifende Ansätze der Ver-

264 Müller, E.: So kommunizieren Maschinen künftig, http://www.manager-magazin.de/unternehmen/it/industrie-4-0-deutschland-setzt-standards-fuer-kommunikation-a-1050040.html, Zugriff am 03.05.2016.

netzung aller Branchen: Energie, Gesundheit, der öffentliche Sektor, Mobilitätslösungen und Produktion. Im Fokus steht nicht die Vernetzung der Fabrik. Der US-amerikanische Ansatz ist dabei so breit aufgestellt, dass wir ein eigenes Buch darüber schreiben könnten. Er erinnert uns sehr deutlich an die Forschungsfelder der Hightech-Strategie für Deutschland aus dem Jahr 2006, als wir hierzulande noch offen waren für 17 Zukunftsfelder.

Ausgedünnt und zugespitzt entwickelte sich in Deutschland Industrie 4.0 – der Name ist Programm – getrieben von Lobbyisten und Interessengruppen. Aus dieser Scheuklappensichtweise hervorgegangen ist halt RAMI 4.0 – das Referenzarchitekturmodell.

In den USA hingegen arbeitete man die Industrial Internet Reference Architecture (IIRA) aus. Ebenfalls ein Referenzarchitekturmodell. Der Unterschied: Dieses Modell soll den Orientierungsrahmen für alle Ansätze bilden, die die Mitglieder des IIC entwickeln – den Leitrahmen für eine gemeinsame Sprache der vernetzten Dinge. Ob diese nun aus dem Bereich der Medizintechnik kommen, sich mit Energieerzeugung und Management beschäftigen, dem öffentlichen Sektor entstammen, Mobilitätslösungen tangieren oder aber – lediglich in einer Ecke – die Produktion.[265]

Am Ende des Tages: Vertreter der Plattform Industrie 4.0, wie Herr Russwurm (Siemens), Herr Struth (Bosch), Herr Leukert (SAP) trafen sich in Zürich mit dem IIC-Vorstand Mark Soley und weiteren Mitgliedern des IIC. Im Handgepäck der Deutschen: RAMI 4.0.

Und ja, man untersuchte das deutsche Modell RAMI 4.0 sowie das US-amerikanische IIRA auf Gemeinsamkeiten und Schnittmengen. Ebenfalls zu bejahen ist, dass man aus amerikanischer Sichtweise dem deutschen Referenzmodell Dinge abgewinnen konnte und beide Modelle überarbeitete.

265 Vgl. IIC: The industrial internet architecture technical report, http://www.iiconsortium.org/IIRA.htm, Zugriff am 03.05.2016.

Aber: Weder haben deutsche Automatisierungsexperten „gewonnen" noch hat sich der amerikanische Ansatz auf die fabrikzentrierte Vernetzung eingestimmt. Ein einheitlicher Standard fehlt. Hierzulande wie auch international. Diesen wird es auch nicht geben. Um die Siegesnachricht, wir Deutschen würden nunmehr das Sagen beim Setzen von Internet-der-Dinge-Standards haben, zeigt sich jedoch niemand verlegen.

Wir können die Kooperationsvereinbarung zwischen Industrie 4.0 und dem IIC als Erfolg feiern. Es hat aber auch den Anstrich einer Kapitulationserklärung.

9.2 Deutschland vs. USA – der Platz in der zweiten Reihe

Industrie 4.0 ist ein Kind der Stückfertigung kleiner Serien nach dem Verrichtungsprinzip. Dort liegen ihre geistigen Wurzeln. Darüber hinaus ist der Begriff Industrie 4.0 unglücklich gewählt. Er beschränkt das Thema auf die Fabrik und grenzt den Markt damit aus. Nicht einmal Produktentwicklung und Marketing im eigenen Haus werden sich so angesprochen fühlen.

Die Amerikaner nennen dieses Thema Industrial Internet und denken es horizontal, also vom Kunden her. Sie vernetzen intelligente Produkte, Supply Chains und Fabriken. Das ist aus unserer Sicht auch der richtige Ansatz. Der deutsche Ansatz hingegen ist vertikal – man denkt in technischen Schnittstellen, z. B. von Maschinen zu übergeordneten Steuerungssystemen. Wir sehen hierzulande größtenteils fabrikinterne technische Lösungen. So werden die Produktioner außerhalb der Produktion aber nicht wahrgenommen.

Der eigentliche Sinn der digitalen Vernetzung und ihr enormes Potenzial liegt vielmehr in datenbasierten Geschäftsmodellen und damit außerhalb der Fabriken. Das hat man in Deutschland noch nicht verstanden, weshalb davon in Deutschland auch nichts Entsprechendes zu sehen ist. Industrie 4.0 kommt hierzulande gedanklich einfach nicht aus dem kleinen Karo der Fabrik heraus.

Wohl aber in den USA. Sie schaffen Plattformen und vernetzen dabei intelligente Produkte, Supply Chains und Fabriken. Das ist der richtige Ansatz. Mit anderen Worten: Die Deutschen tüfteln an Schnittstellen, die Amerikaner erzeugen Märkte. Was für ein fundamentaler Unterschied. Die Deutschen fragen: Wie bringen wir die Vernetzung technisch ans Laufen? Die Amerikaner fragen: Welches Geschäft können wir damit machen?

Die Rollenverteilung ist klar: Die Amerikaner stecken die digitalen Claims ab und schürfen Gold, während die Deutschen sich darüber freuen, Spitzhacken und Spaten liefern zu dürfen. Die deutsche Industrie hat sich widerstandslos in die zweite Reihe drängen lassen – zum austauschbaren Hardwarelieferanten von Internetunternehmen. Und die Fabrikausrüster, die Industrie 4.0 ja als Konjunkturprogramm sehen und deshalb vorantreiben, haben noch nicht verstanden, dass eben diese Revolution das Zeug hat, sie selber hinwegzufegen. Die eigentliche Revolution findet außerhalb der Fabriken statt. Das erkennt man aber nicht, wenn der eigene Denkhorizont am Werkstor endet.

Durch die zunehmende Vernetzung wird vieles transparent für Außenstehende, so auch Produktionsabläufe, Produktinformationen und Produktionstechnologien. Dieses Wissen ist die Basis für den Wettbewerbsvorsprung der deutschen Industrie. Dieser geht mit zunehmender Vernetzung aber verloren. Problematisch dabei ist nicht der Verlust als solcher, sondern die Tatsache, dass hierzulande nichts existiert, was diesen Verlust kompensieren könnte. Während in den USA die Appisierung der Hardware vorangetrieben wird, beharrt der deutsche Maschinenbau darauf, dass seine Maschinen und Produktionseinrichtungen das eigentliche Geschäft sind. Dabei sind Maschinen letztendlich nur Mittel zum Zweck und die Plattformen das eigentliche Geschäft; doch genau das überlassen die Deutschen den Amerikanern. Es besteht hierzulande kein Mangel an Datenstandards und Kooperationsvereinbarungen, sondern ein Mangel an Mut und Phantasie.

Es fehlt der Mut, das eigene Geschäftsmodell zu zerstören. Stattdessen sehen wir Pseudogeschäftsmodelle: Man macht das, was man schon immer gemacht hat, entweder schneller oder intensiver.

Was nützt aber die perfekte Herstellung von Produkten, die der Markt nicht will? Oder mit den Worten des Netzökonoms Dr. Holger Schmidt: „Vor allem in Deutschland werden die Vorteile der Digitalisierung stärker in einer erhöhten Effizienz als in einer Änderung des Geschäftsmodells gesehen.

Genau hier liegt der Effekt der verfehlten Industrie-4.0-Kampagne, die als Digitalisierung der Fabriken lediglich auf Effizienzsteigerungen abzielt, aber spätestens dann im Desaster endet, wenn das perfekt produzierte, aber nicht digitalisierte Produkt nicht mehr nachgefragt wird. Nokia und Kodak lassen grüßen."[266]

Es grüßen auch VW und Graetz! Spätestens hier werden ungute Erinnerungen an die Erfolgsmeldungen von CIM wach. Wie waren diese Unternehmen davon überzeugt, durch Effizienzsteigerung das Richtige für die Zukunftssicherung getan zu haben...

So fehlt auch die Phantasie, etwas wirklich Neues zu entwickeln. Auf eine seltsame Art sehen sich die Fabrikausrüster als Hardwarelieferant für eine Revolution, die alles erfasst, nur sie selber nicht. Sie freuen sich über ein durch Industrie 4.0 ausgelöstes Auftragsplus. Ihre angestammten Geschäftsmodelle werden aber nicht hinterfragt. Sie fühlen sich selber auf eine merkwürdige Weise nicht betroffen. Tatsächlich könnte ihr Geschäftsmodell bald am Ende sein.

Entweder werden die gewonnenen Informationen genutzt und sie wandeln sich zu Betreibern oder sie bieten Hardwareplattformen an, schaffen Standards und agieren maklerbasiert. Oder aber sie profitieren am Informationsstrom. Aber nur noch der Verkauf von Hardware – das geht nicht.

266 Schmidt, H.: Industrie 4.0: Was vom Hype übrig bleibt, https://netzoekonom.de/2016/03/09/industrie-4-0/, Zugriff am 26.05.2016.

So hat der Leiter Produktmarketing eines Fabrikausrüsters – durch dessen Produkte eine unfassbare Anzahl von Prozessdaten erfasst werden – auf einer Informationsveranstaltung der Hochschule Niederrhein zum Thema Industrie 4.0 in aller Offenheit erklärt, dass das Thema Industrie 4.0 eine richtig gute Steilvorlage für das Unternehmen sei. Man sei bereit, sich diese Chance nicht entgehen zu lassen und gehe davon aus, dass das Thema Industrie 4.0 das Unternehmen die nächsten 10 bis 15 Jahre beschäftigen wird – und zwar weiterhin als Komponentenlieferant für Fabriken.

Man muss den Eindruck haben, dass sie die Dimension von Industrie 4.0 nicht verstehen. Wer so nah an Prozessdaten sitzt wie dieses Unternehmen muss ganz einfach darauf kommen, datenbasierte Geschäftsmodelle anzubieten, die über Analyse von Prozessdaten hinausgehen.

Was für eine ungenutzte Chance! Statt aber die hervorragende Ausgangsposition zu nutzen und hierauf aufbauend radikal neue Geschäftsmodelle zu entwickeln, sich damit zum wirklichen Dirigenten der Wertschöpfungsketten ihrer Kunden zu wandeln, statt Industrie 4.0 als Chance zu begreifen, das eigene Geschäft zu zerstören und hieraus etwas Neues, Einzigartiges zu entwickeln, scheinen sie sich weiterhin mit der Rolle des Hardwarelieferanten zur Förderung dieser Daten zufriedenzugeben – Spitzhacke und Spaten halt.

9.3 Wir könnten ja auch anders, wenn wir denn nur wollten – der horizontale Ansatz

Es ist das Denken in tradierten Geschäftsmodellen, das die Deutschen daran hindert, etwas fundamental Neues aufzubauen. Gepaart mit Risikoscheu und der Erwartung von Erfolgsgarantien ist dies wirklich nicht der Humus für neue Geschäftsmodelle. Im Netz finden wir diese Geschäftsmodelle auch nicht allzu häufig. 14 Millionen Suchergebnisse zu Schnittstellen, aber nur wenige zu Geschäftsmodellen.[267]

267 Suchergebnisse über Google im deutschen Sprachraum: „Schnittstelle" = 14.000.000, „Geschäftsmodell" = 1.950.000 am 26.05.2016.

Auch wir können Ihnen diese nicht bieten. Was wir aber haben, sind Denkanstöße. Wie gesagt: Während wir in Deutschland unter fabrikzentrierten Ansätzen von Industrie 4.0 nach Geschäftsmodellen suchen, wird in den USA der breiter gefasste Ansatz des Internet der Dinge (IoT –Internet of Things) betrachtet, wie wir oberhalb besprochen haben. Eines der Unternehmen der ersten Stunde, das sich dieser Aufgabe gestellt hat, war General Electric.

9.3.1 Digitale Veredelung light

Beginnen möchten wir zum Auftakt mit etwas, das wir im Grunde schon viele Jahre kennen. Es handelt sich um die nicht wirklich innovative light-Version neuer Geschäftsmodelle, aufbauend auf Fernwartungskonzepten und jenen der vorbeugenden Instandhaltung. Sie greifen zu kurz, sind aber eine gute Möglichkeit, zu einer ersten quick-win-Lösung zu gelangen.

Authentisches Maschinenwissen entsteht durch Daten. Das ist wenig neu. Neu hingegen ist, dass deutlich leistungsfähigere Sensorik völlig neue Detaillierungsgrade und Maschinendaten in Echtzeit zulässt. Übertragen durch das Internet der Dinge – von jedem Ort der Welt – und ausgewertet durch analytische Auswertverfahren wie Smart Data. Kombiniert man diese neuen technischen Möglichkeiten mit dem spezifischen Anwenderwissen der eigenen Kunden, entstehen aufgewertete Produkte, die dem Kunden einen geldwerten Zusatznutzen stiften.

Zwei dieser Art möchten wir Ihnen vorstellen:

Der US-amerikanische Mischkonzern General Electric (GE) stellt u.a. Flugzeugturbinen und Generatoren her. Bis dato reagierte GE im Rahmen eines „Break-Fix"-Modells auf Reparaturarbeiten an den von ihnen verkauften Produkten. Jedes dieser Produkte generiert Daten, die – ein Medium der Vernetzung vorausgesetzt – einer zentralen Auswertung zugänglich wären. Dieses Medium war das Internet der Dinge.

Dabei verließ GE diesen Begriff umgehend und benannte ihn um, zum Industrial Internet. Die Vernetzung der Geräte ermöglichte von nun an, aus einer reaktiven zu einer proaktiven Haltung überzugehen. Das „Predict-and-Prevent" (z. Dt. vorhersagen und zuvorkommen) Modell. Die Daten von Flugsystemen werden dabei mithilfe von Algorithmen ausgewertet. Dadurch wird GE in die Lage versetzt, Wartungsarbeiten, z.B. an einer Flugzugturbine, zu prognostizieren und Kosten einzusparen. Das Einsparpotenzial betrifft dabei maßgeblich jene jährlichen Kosten, die bei unplanmäßigen Wartungsarbeiten auftreten und zu Flugausfällen und Verspätungen führen. Weltweit nehmen diese ein Volumen von annähernd 29 Milliarden US-Dollar ein.[268]

Das Servicevertragsvolumen von GE beträgt rund 200 Milliarden US-Dollar. General Electric möchte durch die Nutzung des Industrial Internet die eigene Effektivität bei der Umsetzung von Servicetätigkeiten um 1 Prozent steigern. Eine Einsparung in angestrebter Höhe würde somit einem zusätzlichen Gewinnanteil von 2 Milliarden US-Dollar entsprechen.[269]

Ein zweites Beispiel erläuterte uns einer der größten Anbieter für Baumaschinen im Mininggeschäft. Die Hydraulikbagger mit einem Einsatzgewicht von zum Teil mehr als 700 Tonnen stehen – mit Sensorik bis zur letzten Luke gefüllt – in einem Steinbruch 6000 Kilometer entfernt und über das Internet erreichbar. Wünscht der Kunde dies, kann ein Techniker in Deutschland den Einsatz der Maschine live monitoren und dem Maschinenführer Empfehlungen für Einstellwerte sowie Bedienungshinweise direkt zuspielen. Darüber hinaus sind bspw. die Hydraulikpumpen thermisch – mit Sensorik – überwacht. Kombiniert man dies mit Analytics, lässt sich antizipieren, dass eine dieser Pumpen mit einer Wahrscheinlichkeit von 87 Prozent in den nächsten 120 Stunden ausfallen wird. Derartige Anomalien führen umgehend zu einer Prüfung und wenn nötig, dem Anstoßen eines Logistikprozesses, der sicherstellt, dass eine Ersatzpumpe im Steinbruch bereits vor einem Ausfall vorhanden ist.

268 Vgl. Spinnarke, S.: Industrial Internet vs. Industrie 4.0, http://goo.gl/SWVJ6S, Zugriff am 28.10.2015.

269 Vgl. Knüpffer, G.: Deutsche denken nur an Fabrik, in: a.a.O.

Im Resultat: Diese Leistung generiert dem Kunden einen in Dollarbeträgen ausdrückbaren Mehrwert durch deutlich geringere Standzeiten. Nicht nur des stillstehenden Hydraulikbaggers, sondern aller weiteren am Abtransport beteiligten Maschinen und Mitarbeiter. Für unseren Wirtschaftsstandort bedeutet dies, wir lösen weiterhin kundenindividuelle, rote Probleme – mit Spezialisten und ihrem Einfallsreichtum – und das, ohne einen Reisepass in die Hand nehmen zu müssen, vom Büro in Deutschland aus. Möglich, durch neue Sensorikkonzepte, Daten in Echtzeit über das Internet der Dinge und unterstützt durch Analytics.

Diesen Ansatz konnten wir bereits im März 2012 aufgreifen. Damals war unser deutscher Denkansatz so weit gefasst, dass wir den Mut hatten darüber nachzudenken, was wir außerhalb unserer Fabriken geschickter Weise mit Daten anstellen können.

Dieser Ansatz verlor sich jedoch sukzessive über die Jahre. Visionäre Denkanstöße dieser Art wurden verlassen und ausgetauscht gegen die endlos scheinende Diskussion, wie wir – innerhalb der Fertigung – einen noch höheren Grad an Automatisierung und Autonomie erzeugen können.

Wer dieses Buch bis zu dieser Stelle gelesen hat, wird weiterhin festgestellt haben, dass die Protagonisten auf unserer Industrie 4.0-Bühne oftmals Fabrikausrüster und Anbieter von Automatisierungstechnik sind. Ihnen darf man durchaus ein gewisses Interesse daran zusprechen, Automatisierungstechnik, also Hardware, gewinnbringend zu verkaufen. Betrachten wir General Electric oder unseren Hersteller für Baumaschinen, so spricht niemand von der einzigartigen „XYZ-Technologie" für eine effizientere Herstellung von Spritzgussteilen von Hersteller Mustermann.

Die Technologie in und um das Industrial Internet ist da, sie ist eine notwendige, komplizierte Begleiterscheinung vor komplexem Hintergrund.

Der Fokus liegt vielmehr auf dem, was man mit ihr aus Kundensicht Sinnvolles anstellen kann. Dienstleistungsmodelle verhelfen dabei zu hybriden Produkten, wo die Gleichung lautet:

Produkt + individuelles Dienstleistungsangebot = Mehrwert für den Kunden.

Dies würde bedeuten, Sie starten gedanklich bei Ihrem Kunden, und denken von ihm aus, also horizontal, an einen zusätzlichen Nutzen, den Ihr Produkt Ihrem Kunden stiften könnte. Genau diese Denkweise birgt für Unternehmen jeglicher Größenklasse in Deutschland gigantisches Potenzial, selbst für die ganz kleinen.

9.3.2 Systeme verbinden

Stellen Sie sich dazu vor, Sie haben ein kleineres Unternehmen, das Aufzüge herstellt. Was könnte am Beispiel General Electric für Sie Industrie 4.0 nun bedeuten? Ihre Kunden sind zumeist Banken und öffentliche Einrichtungen mit Anbindung an den öffentlichen Nahverkehr. Künftig statten Sie alle Aufzüge durch ein internetfähiges Modul aus. Ist der Aufzug eingebaut, erstellen Sie ein Bewegungsprofil über einen definierten Zeitraum und leiten daraus computergestützt eine energieeffiziente Kennlinie ab. Diese berücksichtigt u.a. auch Stoßzeiten, wie z.B. die ankommende U-Bahn. Auch eine Fernwartung oder aber präventive Wartung mechanischer Bauteile sorgt für einen Zusatznutzen beim Kunden. Im Bau von Personenaufzügen haben Sie große Erfahrung, aber auch Wettbewerber. Wenn Sie die Einsparpotenziale durch energieeffiziente Anpassung Ihrer Aufzüge entsprechend monitoren und Ihren Kunden zu geringeren Energiekosten verhelfen, wird ein Vergleichsangebot eines Wettbewerbers – ohne diesen Zusatznutzen – künftig wohlmöglich direkt im Papierkorb landen.[270]

Die Echtzeitdaten des Personennahverkehrs erwerben Sie übrigens von den Nahverkehrsbetrieben im Rahmen eines Nutzungsvertrags.

270 Vgl. Henrich, A.: Ende einer Idylle, in: Wirtschaftswoche, 2015, Nr. 16, S. 60 ff.

Sie haben damit Ihr Produkt „Aufzug" um ein Mehrwert generierendes, weil energiekostensenkendes Dienstleistungsmodell aufgewertet. Ebenso ergibt dies die Möglichkeit für Nahverkehrsbetriebe, ihr Produkt „Personentransport" durch das Geschäftsfeld „anonymisierter Datenverkauf" zu erweitern. Ihrem computergestützten System wird es für die dynamische Anpassung der Aufzugsteuerung im Gebäude ausreichen, wenn es erfährt, dass der vor dem Gebäude haltende Bus der Linie 413 mit 93 Fahrgästen drei Minuten Verspätung hat. Die lernfähige Software weiß bereits, dass davon im Mittel 37 Fahrgäste den Aufzug benutzen werden.

Nun, das mag ein wenig weit hergeholt sein, aber welche Systeme können Sie in Ihrer Fabrik – und natürlich darüber hinaus – verbinden? Auftragsdaten mit Transportkapazitäten? Die Kombination von Produktentwicklung und Qualitätsmanagement mit Social Media-Auswertungen und den ungefilterten Stimmen Ihrer Kunden – in Echtzeit?

9.3.3 Plattformen

Ein reales Beispiel für ein solches Geschäftsmodell liefert der niederländische Industriedesigner Dave Hakkens. Eigentlich, so stellte er mit einer gewissen Frustration fest, ist es stets eine Einzelkomponente eines Mobiltelefons, die zum finalen Ausfall führt. Ein defektes Display oder aber ein defekter Akku machen viele Geräte von der einen auf die andere Minute zu nichts geringerem als zu Elektroschrott. In Zeiten der geplanten Obsoleszenz ist ein Austausch dabei selten möglich – denn regelmäßig überhaupt nicht vorgesehen oder gewollt. Bauteile werden dabei bewusst mit einer Art technischem Haltbarkeitsdatum ausgestattet, um in kontinuierlichen Zyklen Ersatzprodukte verkaufen zu können.

Nun könnte man sich in epischer Breite über diesen Umstand aufregen, oder aber nach einem Ausweg suchen. Zweites hat Dave Hakkens getan. Die Idee des modularen Smartphones, geboren vor rund drei

Jahren. Was also wäre, wenn man alle Module – „Blocks" – eines Smartphones simpel auf einer Hauptplatine – „Base" – aufstecken könnte? Der Akku, die Kamera oder die Antenne. Wirkt das Gerät auf Basis wachsender Prozessoranforderungen wie komplexer werdende Apps träge, kann dieser Prozessorblock ganz einfach gegen einen neuen und leistungsfähigeren ausgetauscht werden.

Individualität erfährt das Smartphone in Lego-Baustein-Manier dabei durch unterschiedlichste Qualitäten und Leistungsparameter der erwerbbaren Bausteine.[271] Selbst ausgefallene Module, wie solche für die Messung der UV-Strahlung, Solar-Lademodule oder aber Module für eine Infrarotaufnahme können individuell eingesetzt werden.

In unter 24 Stunden generierte Hakkens erstes YouTube-Video seines Konzeptes mehr als eine Millionen Klicks. Als potenzielle Partnerunternehmen standen Hakkens – quasi über Nacht – unzählige namhafte Unternehmen zum Gespräch bereit. Nokia, Intel, Qualcomm, Sennheiser, Jolla, Ubuntu, Firefox oder aber ZTW bekundeten ihr Interesse. Final entschloss er sich für eine Kollaboration mit Motorola. Besser gesagt mit einem kleinen Teil von Motorola. Google verkaufte Motorola zuvor an Lenovo, behielt aber eine kleine Forschungsabteilung (Advanced Technology and Projects Group). Diese beschäftigte sich, ebenso wie der Niederländer Hakkens, mit der Entwicklung eines modularen Smartphones, bekannt geworden als „Projekt Ara."[272]

Das eigentlich Revolutionäre ist hierbei nicht nur der Weg zu einem modular aufgebauten und ressourcenschonenden Gerät, sondern die Quellen für Produktentwicklung und Innovation.

Ein Hersteller wie das Traditionsunternehmen Carl Zeiss kann sich als Freeware das Module Developer Kit (MDK) für das Project Ara herunterladen. Damit kann eine eigenständige, Ara-kompatible Smartphone-Optik als Kameramodul entwickelt werden.[273] Gleiches gilt für alle

271 Vgl. Hakkens, D.: Phonebloks, https://www.youtube.com/watch?v=oDAw7vW7H0c, Zugriff am 21.10.2015.

272 Vgl. Kuhn, D.: Google behält Project Ara und Motorola Forschungsabteilung, http://www.techstage.de/news/Google-behaelt-Project-Ara-und-Motorolas-Forschungsabteilung-2101948.html, Zugriff am 21.10.2015.

273 .V.: Project Ara, http://www.projectara.com/mdk, Zugriff am 21.10.2015.

anderen Hersteller von Kameramodulen, Batteriemodulen, Prozessoren etc. Sie erhalten die komplette Blaupause zur Hauptplatine „Base" und ihrer Funktionsweise. Doch zu welchem Preis? Welche Rolle spielt Google im Hintergrund?

Google muss nur abwarten. Ist der Markt an Modulanbietern groß genug, werden diese Module über einen Google-Ara-Markplatz exklusiv verkauft. Geschaffen werden soll ein Hardware Ökosystem, in dem der Kunde entscheidet, welche Komponente welchen Herstellers er per Plug & Play verbauen möchte. Dies würde, folgt man Google, die weltweit führenden Unternehmen der Smartphone-Hersteller überflüssig machen (Foxconn, Pegatron, Samsung oder aber HTC). Denn die Entscheidung, was in das eigene Gerät integriert wird, trifft künftig der Kunde und keines der zuvor genannten Unternehmen für ihn.[274] Klingt für Sie weit weg und unrealistisch? Immerhin schätzen Sie Ihr iPhone wegen der tollen Oberflächenmaterialien und der damit verbundenen Haptik? Lassen Sie uns erneut sprechen, wenn ultraflache Modulkomponenten verfügbar sind, die man mit einem Cover aus einem (Edel-) Metall Ihrer Wahl verblenden kann.

Noch im Jahr 2011 erhielt Siemens vom Europäischen Parlament eine Auszeichnung als das innovativste Unternehmen. Keine andere Firma hätte mehr Patente angemeldet wie der Münchener Elektronikriese (2235 Patente).[275] Nach dem, was wir bei Industrie 4.0-Geschäftsmodellen und Ideen wie obigen sehen, sollten wir uns die Frage stellen, ob wir die Eigenschaft, innovativ zu sein, in der Anzahl der eigenen Patente aufwiegen. Oder aber, ob die echte Innovation datengetriebener Geschäftsmodelle nicht wohlmöglich genau das Gegenteil bedeutet: Open Source für ausgewählte Produktplattformen. Dies ermöglicht es, dass Unternehmer – wie unsere Modulanbieter ZEISS aus oben genanntem Beispiel – auf Basis dieser frei zugänglichen Plattform kreativ sind. Wir umgehen hiermit ein maßgebliches Problem. Dieses Vorgehen sichert dem einzelnen Unternehmer das Vorrecht auf Monetari-

274 Vgl. Bohn, D.: Building blocks: how Project Ara is reinventing the smartphone, http://goo.gl/rR4J83, Zugriff am 21.10.2015.
275 Vgl. Berberich, S.: China jagt den Patentweltmeister, http://www.focus.de/finanzen/news/unternehmen/tid-25519/rennen-um-erfindungen-china-wird-patent-weltmeister_aid_738780.html, Zugriff am 21.10.2015.

sierung seiner Innovation. Umso besser er seine Kamerakomponente gegenüber vergleichbaren Produkten entwickelt und auf dem Google Marketplace anbietet, umso größer werden seine Gewinne sein. Die Kunden stellt jemand anderes zur Verfügung und hat die Hoheit über einen exklusiven Marktplatz, wie Google ihn hat.

Was heißt das in dem hier vorliegenden Kontext? Nun, ein Fabrikausrüster könnte die Patente auf seine Produkte freigeben, eine Hardwareplattform bilden, auf der seine Kunden das Produkt in ihrem Sinne weiterentwickeln. Es geht also nicht länger darum, Hardware zu verkaufen, sondern um die zu monetarisierende Entfesselung der Kreativität anderer.

9.3.4 TechShop – Yes We Can!

Ein weiteres innovatives Geschäftsmodell finden wir in den USA. Genauer gesagt begann alles im Jahr 2006 in San Jose – „Silicon Valley" – Kalifornien. Stellen Sie sich zunächst vor, Sie persönlich hätten eine gute Idee. Z.B. einen freischwingenden Sessel mit einem Rahmen aus gebogenen Edelstahlrohren. Eine Pulverbeschichtung wäre wünschenswert. Vielleicht sogar in RAL 6011 Resedagrün – das kennen Sie ja bereits. Sie können ihn bildlich vor Augen sehen, bevor die Ernüchterung Einzug hält. Weder haben Sie sich bis dato mit Metallverarbeitung beschäftigt noch wüssten Sie, wie man die Bauteile von der Statik auslegen müsste, oder aber wie eine Pulverbeschichtung der Oberfläche durchzuführen wäre.

Und genau an dieser Stelle beginnt die Geschichte von TechShop. Dabei handelt es sich um ein auf Mitgliedschaft basierendes Do-It-Yourself (DIY) Werkstättensystem. Mit aktuell acht dieser Shops ist das Unternehmen in den USA vertreten. Ein jeder ist ausgestattet mit einem High-End-Maschinenpark. Auszugsweise findet man dort 3D-Scanner und Drucker, CNC Dreh- und Fräsmaschinen, Laserschneidmaschinen, Spritzgussmaschinen, Vacuum Former (CFK-Fertigung), Flowjet (Wasserstrahlschneiden), Computer mit CAD-Software, Maschinen zur Textilfertigung und viele mehr.

Um Mitglied in der TechShop-Gemeinschaft zu werden, können Sie zwischen einer monatlichen Zahlung von 150 US-Dollar oder aber einem Jahresbeitrag von 1650 US-Dollar wählen. Über dies hinaus bestehen noch zahlreiche Einzellösungen, bis hin zu Angeboten für kleine Unternehmen, die ihren Mitarbeitern für die Bearbeitung eines Projektes Zugang zu diesem Maschinenpark beschaffen möchten.[276] Für eine Spende in Höhe von 25000 US-Dollar erhält man eine lebenslange Mitgliedschaft, ohne monatliche Beiträge.

Als Mitglied bei TechShop können Sie sich nun in einem der Shops für einen bestimmten Tag und eine Uhrzeit für diverse Arbeitsschritte vormerken lassen. So z.B. für eine Rohrbiegemaschine. Dort angekommen erhalten Sie eine Unterweisung an der Maschine von erfahrenem Personal und können zügig loslegen. Im nächsten Arbeitsgang müssten eigentlich Langlöcher in Rohe gefräst werden, um diese später durch Querstreben verbinden zu können. Da Sie, wie wir eingehend festgestellt haben, keinerlei Schnittmenge in Ihrem Leben zur Metallverarbeitung hatten, besuchen Sie einen obligatorischen Kurs für den Umgang mit der Fräse. Dauer: drei Stunden, am Samstagmorgen um 09:00 Uhr zum Preis von 90 US-Dollar.[277]

Im Anschluss an diesen Pflichtkurs erhalten Sie einen Schein, der Sie zur eigenständigen Verwendung von Fräsmaschinen in allen TechShops berechtigt. Abgesehen von diesen Basiskursen können Vertiefungskurse besucht werden. Diese reichen bis zu Königsdisziplinen vergangener Tage, dem Nachschleifen von Drehmeißeln und anderen anspruchsvollen Tätigkeiten.

Kurzum, Sie werden in recht kurzer Zeit in die Lage versetzt, Ihre Vision zu realisieren. Nun könnte man meinen, es handelt sich um kein ernstzunehmendes Geschäftsmodell. Vielmehr leben hier Hobbykünstler

276 Vgl. o.V.: TechShop Membership, https://secure.techshop.ws/memberships.cfm?step=select_offer&offer=58, Zugriff am 24.10.2015.
277 Quelle: http://www.techshop.ws/take_classes.html?storeId=5&categoryId=12#1, Zugriff am 24.10.2015.

und Freigeister ihre Phantasien jenseits vom Marktgeschehen aus. Weit gefehlt.

Freilich werden wir unter den Mitgliedern den einen oder anderen Investmentbanker finden, der seinen persönlichen Ausgleich in der handwerklichen Tätigkeit findet. Nicht zu unterschätzen ist jedoch eine ganz andere Personengruppe. Erfinder und Menschen, die mit ihrer gesamten Energie und ihrem Enthusiasmus für die Sache an einer Innovation arbeiten und diese bis zur Marktreife führen wollen. So z.B. beim TechShop-Mitglied James McKelvey. Er entwickelte den Prototyp für sein mobiles Bezahlsystem „Square" – z. Dt. Quadrat – bei TechShop.

Mit diesem quadratischen Adapter, den man damals noch an ein Smartphone andocken musste, gelang es ihm, Investoren zu überzeugen und an das notwendige Risikokapital zu gelangen. Das Resultat: Der aktuelle Wert von „Square" wird auf 6 Milliarden Dollar geschätzt.[278]

Die Idee TechShop ist somit weit mehr als nur eine Spielwiese für Technikfanatiker. Es ist ein Ort, an dem eine unvorstellbare Innovations- und Kreativitätsdichte vorhanden ist. Synergien zwischen Mitgliedern und ihren Ideen erschaffen in diesem Umfeld wettbewerbsfähige Produkte, die gestandenen Unternehmen vorleben, wie man abseits von Over-Engineering entwickelt.

So wird im Online-Blog eines US-amerikanischen Institutes die Bewegung um TechShop und andere mit den Worten beschrieben: **„Creating a producer society"**.[279] Auch das ist Industrie 4.0. Ein Zukunftsmarkt, auf dem Unternehmen nicht mehr die Fertigungshoheit für sich beanspruchen können. Doch ist das Ganze so weit weg von Deutschland? Was können Unternehmer aus dieser Entwicklung sinnhafterweise ableiten? Ein Blick nach Bayern lässt es erahnen. Die BMW Group und UnternehmerTUM[280] holen TechShop nach Deutschland. Auf dem Gelände des Forschungscampus der technischen Universität München

278 Vgl. o.V.: Successful projects: http://invest.techshop.com/, Zugriff am 24.10.2015.
279 Vgl. Stangler, D.: Do it yourself: Creating a producer society, http://goo.gl/CBF9Ej, Zugriff am 23.10.2015.
280 UnternehmerTUM: Zentrum für Innovation und Gründung an der Technischen Universität München.

soll der erste TechShop seine Erfolgsgeschichte nunmehr auf unserem Kontinent fortführen. Für die Prototypen und Kleinserienfertigung bietet dieses Konzept die ideale Ausgangsbasis für Start-ups, oder aber einfach für Menschen mit der Vision eines freischwingenden Sessels. Der Beweggrund der BMW Group, dieses Projekt zu unterstützen, ist insbesondere, dadurch näher an wegweisenden Innovationen zu sein.[281] Es klingt ein wenig nach Silicon Valley im Freistaat. Finanzstarke Unternehmen mit dem notwendigen Risikokapital werden zum Magneten für innovationsgetriebene Menschen, abseits einer Anstellung dieser im eigenen Konzern.

Warum glauben Produzenten hierzulande eigentlich, dass sie das Hoheitsrecht auf Wertschöpfung haben? Vielleicht gehört ja dem die Zukunft, der nicht selber produziert, sondern seine Kunden dazu befähigt. Ein warnendes Wort in diesem Zusammenhang kommt von Günther Schuh, der erklärt, die größte Gefahr für den Produzenten mit Fabrik sei der Produzent ohne Fabrik. Genau das, was wir aktuell sehen: Tendenz steigend.

Das Produkt Know-how ist verfügbar, das Produktions-Know-how ist verfügbar, Kapital ist verfügbar und die Betriebsmittel sind es auch. Wozu braucht man eigentlich noch eine Fabrik?

9.3.5 Wenn der Bauer zum Agrarmanager wird

Die Jahre, in denen man etwas plump von „Bauern" sprach, sind schon längst gezählt. Der Landwirt von heute ist getrieben von hohen Flächenerträgen, effizientestem Einsatz von Ressourcen und am Ende des Tages der Hoffnung, dass die Natur ihm nicht doch einen Strich durch die Rechnung macht. Unterstützt wird er dabei von einem hochtechnisierten Maschinenpark, unterschiedlichsten Datenquellen und last not least, seinem Bauchgefühl.

281 Vgl. o.V.: BMW Group und UnternehmerTUM holen TechShop nach Deutschland, https://www.unternehmertum.de/announcement/view/65622/bmw-group-und-unternehmertum-holen-techshop-nach-deutschland, Zugriff am 24.10.2015.

Genau an dieser Stelle knüpft unser nächstes Geschäftsmodell an, das wir Ihnen vorstellen möchten. Ebenfalls aus dem sonnigen Kalifornien stammt das Start-up OnFarm von Lance Donny. Er erkannte das Potenzial dieser Branche, eine enorme Datenflut zu kanalisieren, die der moderne Landwirt zur Erfüllung seines Tagesgeschäfts bedenken muss. Dies geschieht in der Form, dass OnFarm zunächst die Daten der Maschinen und Bewässerungssysteme in ein Agrarmanagementsystem überführt. Angereichert wird dieses System durch Wetterprognosen, Einkaufspreise für Saatgut, Dünger oder aber die Börsenkurse für Weizen und Soja. Auf dem Smartphone, dem PC oder aber dem Fernseher der Farmer werden diese Daten in grafischer Darstellung zu einem Cockpit orchestriert.

Auch kann er dort – Google Earth sei Dank – seine Parzellen katalogisieren und verwalten. Abgerundet wird diese Anwendung durch eine Kalender- und Kommunikationsfunktion, wie wir sie vom Kurznachrichtendienst WhatsApp kennen.

Der Vorteil in Summe: ein System, das alle entscheidungsrelevanten Daten visuell und verdichtet aufbereitet. Das Resultat: säen, wenn Regen naht, Dünger effizienter dosieren, ideale Erntereihenfolge der Felder entsprechend der Anfahrt und der Feldfrucht und dies alles vor dem Hintergrund richtiger Entscheidungen bzgl. der Börsenkurse. OnFarm unterstützt den Landwirt bei eben diesem Entscheidungsprozess mit etwas, das kein physisches Produkt hervorgebracht hat. Es ist ein datenbasiertes Geschäftsmodell par excellence.

Eines, das nach kurzer Zeit die Platzhirsche mächtig aufröhren ließ. So kooperiert John Deere als einer der weltgrößten Hersteller für Landmaschinen mit dem kleinen Start-up OnFarm.[282]

Dieser Trend ist auch in Deutschland angekommen. Beim Landmaschinenkonzern Claas aus dem ostwestfälischen Harsewinkel existieren nunmehr auch Lösungen dieser Art. Mit dem Namen „365FarmNet"

282 Vgl. Duerand, D.: Maschinen stürmen die Märkte, in: Wirtschaftswoche, 2015, Nr. 33, S. 49 f.

oder aber „CLAAS AGROCOM" arbeitet man ebenfalls an smarten Unterstützungsangeboten für die Arbeit auf dem Lande. Ob Flur- und Pachtverwaltung, Saatgutberechnung oder aber die Übermittlung von Feldgrenzen in die Fahrerkabine der GPS-gelenkten Erntemaschine. Im Zusammenhang derartiger Konzepte spricht man heutzutage von Präzisions-Landwirtschaft.[283]

Wo ist das Managementsystem für Fabriken? Wer stellt einem Produzenten Informationen über Preise, Gebühren, Verfügbarkeiten von externen Kapazitäten und Anfragen auf Produktionsmarktplätzen zusammen?

9.3.6 Sensorik mit Zusatznutzen

Im Rahmen der Industrie 4.0-Konferenz in Amberg erklärte Prof. Dr. Piller als Lehrstuhlinhaber für Technologie- und Innovationsmanagement der RWTH Aachen wie sich dem OEM Ford der Zusatznutzen von Sensorik zufällig erschlossen hat. Die Sensorik bei Fahrzeugen des Herstellers Ford lässt sich nach Piller um eine optionale Schnittstellenlösung während der Fahrzeugkonfiguration durch den Kunden als Sonderausstattung erweitern.

Diese ermöglicht es, dass die einzelnen Sensoren im Fahrzeug nicht nur ansprechbar sind, sondern auch in die Lage versetz werden, auf Fahreranforderung zu kommunizieren – besser gesagt zu „Tweeten", wie wir es vom Kurznachrichtendienst Twitter kennen. Immer dort, wo Fahrzeuge ein Regengebiet durchfuhren, teilten sich ihre Scheibenwischereinheiten in der Art mit, dass sie preisgaben: „Ich bin jetzt eingeschaltet."

Was zunächst klingt wie das zu belächelnde Hobby von Technikjunkies, die Freude daran haben, dass sich ihre Fahrzeuge mitteilen, wenn der Scheibenwischer sich bewegt, hatte einen handfesten Nutzen – wie sich zeigen sollte.

283 Vgl. Claas: Farm Management, http://www.claas.de/produkte/easy/farm-management, Zugriff am 03.05.2016.

Augenscheinlich wird es – genau dort – regnen. Live und in Echtzeit fallen diese Daten als Abfallprodukt an. Ein sehr wertvolles Abfallprodukt für Wetterdienste, die seit vielen Jahrzenten einzelne Regenfelder mit Sattelitentechnik aufspüren. Nicht nur, dass dies sehr teuer ist – es ist in letzter Instanz nicht so verlässlich wie die Mitteilung von zehn Fahrzeugen im selben Gebiet, die sich mit dem eingeschalteten Scheibenwischer zu Wort melden.[284] Nach Günter Schuh wird die Sensorik künftig den Unterschied machen.[285] Diese Aussage unterschreiben wir nur allzu gerne.

Wenn Ford ähnlich limitiert denken würde, wie die meisten Protagonisten von Industrie 4.0 hierzulande, dann hätten die Scheibenwischer Fernwartungsmodule erhalten. Man hätte von digitaler Veredlung und Effizienzgewinnen bei der vorbeugenden Instandhaltung gesprochen. Aber was soll bei einer permanenten, weil lustvoll betriebenen Nabelschau schon anderes herauskommen?

9.3.7 Monetarisierung

Bei allen angestellten Überlegungen zu neuen Geschäftsmodellen, Entwicklungskooperationen etc. sollten wir den Kern der Sache nicht aus den Augen verlieren: Unternehmerische Tätigkeit hat auch das Ziel, Gewinne zu realisieren.

Die Aufgabe besteht nun darin, dass aus einer entstehenden Gratiskultur von Innovationen eine Netzwerk-Ökonomie werden muss[286], bei der jeder Beteiligte entsprechend seines Beitrags entlohnt wird und sein Know-how klaren rechtlichen Schutz erfährt.[287] Wie so etwas geht? Erinnern wir uns zurück an das modulare Smartphone, wird dies deutlich. Den Komponentenherstellern wurden dabei bereitwillig alle Da-

284 Vgl. Piller, F.: Geschäftsmodelle für Industrie 4.0, https://www.youtube.com/watch?v=YlCjv90QtKo, Zugriff am 26.05.2016.
285 Vgl. Spinnarke, S.: Industrie 4.0: Sensorhersteller rüsten sich, in: Produktion, 2014, Nr. 21, S. 17.
286 Vgl. Hammerschmidt, Ch.: Auf dem Weg zur Industrie 4.0 nehmen Herausforderungen Gestalt an, in: a.a.O.
287 Vgl. Geissbauer, R. et al.: Industrie 4.0 - Chancen und Herausforderungen der vierten industriellen Revolution, 2014, http://www.tnsemnid.com/politik_und_sozialforschung/pdf/PwC_Studie_Industrie_4.0.pdf, Zugriff am 11.04.2015.

ten der Platine offengelegt, sodass diese individuelle Komponenten wie eine Kamera entwickeln können.

Ihr wettbewerbsfähiges und überzeugendes Produkt offeriert die Chance, zum Kassenschlager zu avancieren und final die in die Produktentwicklung eingebrachten Innovationen und Ressourcen vergütet zu wissen und über diese Gewinne zu realisieren – im Fahrwasser von Google.

Google seinerseits sichert sich die Hoheit über den Vertrieb der Hardwareprodukte über ein Plattformmodell, einen Marktplatz. Der Internetdienst bewirbt die Plattform und das Produkt, durchforstet die Nutzerdaten nach Markttrends sowie neuen Geldquellen, und spielt den einzelnen Komponentenherstellern relevante Informationen zu. Diese werden im Gegensatz mit einer fixen Marge pro verkauftem Kameramodul von bspw. 30 Prozent des Verkaufspreises entlohnt.

Im Gegensatz dazu erscheint die pauschale Aussage – die wir oben angeführt haben – gerade der Maschinenbau könne seinen Wertbeitrag in einer Open-Innovation-Politik leisten, als zu kurz greifend und die Sachlage verkennend. Maschinenbauunternehmen gehen in diesen Innovationsnetzwerken – anders als Google oder der Hersteller des Kameramoduls – das Risiko ein, dass sie die Ertragshoheit über das originäre Objekt der Begierde aus Sicht ihrer Kunden verlieren.

Wichtig ist – nicht zuletzt, um den Bedenken der Beteiligten Rechnung zu tragen – dass das Vorrecht auf die Monetarisierung eigener Innovation durch das Geschäftsmodell als solches sichergestellt und eine umgehende Durchsetzung rechtlicher Ansprüche realisiert wird.

Diese dringend erforderliche Novellierung rechtlicher Rahmenbedingungen – ausgerichtet an datenbasierten Geschäftsmodellen oder Plattformlösungen – sucht der Unternehmer im 21. Jahrhundert vergebens. Auch ohne hochinnovative Innovationscluster im Sinne einer Industrie 4.0-Kultur erkennt man in der Praxis, dass unser Rechtssystem in seiner Trägheit den Erfordernissen zunehmend geringerer Innovationszyklen und unternehmensübergreifender Kollaboration nicht gerecht werden kann.

Ein plastisches Beispiel lieferte der Rechtsstreit zwischen der Firma Mitec, einem offensichtlich innovativen Zulieferer der Automobilindustrie aus Thüringen und Ford. Hierbei wird dem OEM, also Ford, vorgeworfen, eine von Mitec entwickelte Technologie zum Schwingungsausgleich für Verbrennungsmotoren nachgebaut zu haben. Ford lässt diese Technologie nunmehr in eigenem Namen von einem mexikanischen Produzenten kostengünstig fertigen. Das Verfahren als solches ist seit über sechs Jahren in allen Instanzen anhängig, wobei allein die Anerkennung des deutschen Gerichtsstandes im Instanzenweg bis hinauf zum Bundesgerichtshof drei Jahre dauerte.[288] Nunmehr bleibt für tendenziell kleinere Unternehmen inständig zu hoffen, dass ihre Kapitalstruktur gegenüber einem solch zermürbenden Prozess erhaben ist.

Bis dato haben wir über das Phänomen des Motivationsverlustes der eigenen unternehmerischen Tätigkeit gesprochen. Von diesem geht, wie sich kausal ableiten lässt, ein gesamtwirtschaftlich negativer Effekt aus, wenn sich Innovationsgeber bei ihrer Tätigkeit, innovativ zu sein, zurücknehmen. Nicht selten ziehen sich Unternehmen dabei auf die sprichwörtliche Know-how-Insel zurück. Mit einem eigenständigen Produkt und einem eigenen Standard. Seit Jahrzehnten verspricht jedoch genau diese Know-how-Insel, alleiniger Profiteur der unternehmerischen Leistung zu sein.

Und auch hier blickt man einer sich ändernden Situation entgegen – nicht minder, wenn wir neue Geschäftsmodelle – vom Endkunden gedacht – betrachten: Diese kaufen eigentlich keine Waschmaschine, sondern saubere Wäsche. So z.B. durch einen Full-Servicevertrag mit einem Waschmittelhersteller. Ebenso kaufen gleiche Kunden auch keinen Kühlschrank – sie kaufen frische Lebensmittel in der Anzahl, Vari-

288 Vgl. Militzer, M.: Prozess MITEC gegen FORD verschoben, http://www.mitec-automotive-ag.de/presse/aktuelle-meldungen/meldung/datum/2014/12/16/prozess-mitec-gegen-ford-verschoben.html, Zugriff am 04.05.2016.

antenvielfalt und Verfügbarkeit, wie von ihnen gewünscht durch einen Liefer- und Servicevertrag mit einer Supermarktkette.

Diesbezüglich benötigen wir neue Antworten: So ist es möglich, dass die Waschmaschine künftig verschenkt wird – bei gleichzeitigem Abschluss des Servicevertrags mit einem Waschmittelproduzenten. Ebenso dass der Kühlschrank verschenkt wird – bei gleichzeitigem Abschluss des Liefervertrags mit einer Einzelhandelskette. Die Bereitschaft für diese Geräte als Begleiterscheinung aus Kundensicht zu zahlen, wird sinken. Verstehen müssen wir daher, dass wir uns bzgl. der Art und Weise, wie Vergütung stattfindet, neu orientieren müssen. Um das Beispiel erneut zu bemühen: Der Kauf einer Waschmaschine oder eines Kühlschranks markierte in Vergangenheit den Moment, in dem der Erlös den Unternehmen zufloss. Punkt.

Diese Binärdenkweise ist in Zeiten datenbasierter Geschäftsmodelle nicht mehr haltbar. Es muss ein Verständnis für Monetarisierungsflüsse entstehen, die den Produktlebenszyklus als zeitlichen Betrachtungshorizont zugrunde legen.

Wir müssen im großen Maßstab denken – vom Markt, vom Kunden und von der Gesellschaft her. Diesbezüglich ließen sich in den letzten fünf Jahren keine nennenswerten Fortschritte verzeichnen, sodass wir diesen Zeitraum als verlorene Jahre betrachten.

Wir möchten Sie daher herzlich einladen, getätigte Denkanstöße als Chance zu verstehen, aktiv bei der Ausgestaltung fairer und motivierender Vergütungssysteme in Wertschöpfungsnetzwerken mitzuwirken.

10 Fazit und Ausblick

10.1 Industrie 4.0 – eine Bilanz

Gesellschaftliche Entwicklungen und Errungenschaften können rückgängig gemacht werden. Bei technologischen Entwicklungen geht dies nicht. Dies gilt für die Dampfmaschine ebenso wie für das Internet der Dinge.[289]

Doch wie bei jeder großen Veränderung zuvor braucht auch Industrie 4.0 eine Vision und eine Antwort auf die Frage nach dem „Warum". Auf beides warten wir seit fünf Jahren vergebens. Stattdessen hören wir die pauschale Aussage, dass dies nun einmal die nicht aufzuhaltende Zukunft sei. Man fügt noch eine Prise Angst hinzu und behauptet, dass unweigerlich der ins Hintertreffen gerät, der hier nicht mitmacht.

Unbestritten: Die Vernetzung von technischen Systemen wird eine Revolution zur Folge haben. Industrie 4.0 – wie sie heute in der Mehrheit verstanden und gelebt wird – leistet hierzu aber keinen Beitrag. Was für ein mächtiges Instrument haben wir da in den Händen – und wie kleinmustrig sind die Überlegungen, was man alles damit machen kann (Performanceverbesserung in der Fabrik, bessere Information für den Werker…). Zukunft ist das Ergebnis unserer Taten und unserer Unterlassungen.

Darüber hinaus braucht Zukunft eine Vision. Solange Industrie 4.0 aber keine Vision hat, wird sie scheitern. Damit es deutlich wird: Performanceverbesserung ist keine Vision. Vernetzung um des Vernetzens willen erst recht nicht.

Wir sind davon überzeugt, dass Inhalte von Industrie 4.0 Einzug in die Fabriken finden. Sie wird mit einigen ausgewählten Lösungen Teilbereiche der Fabrik prägen – dort, wo sie nützlich sind. Damit bleibt Industrie 4.0 aber deutlich hinter den Möglichkeiten zurück.

289 Vgl. Precht, R.D.: Die vierte industrielle Revolution, in: Interview ORF, 16.10.2014, https://goo.gl/xGGY28, Zugriff am 05.05.2016.

Es ist das Denken in tradierten Geschäftsmodellen, das die Deutschen daran hindert, etwas fundamental Neues aufzubauen. Industrie 4.0 kommt nicht über die fabrikfixierte Nabelschau mit dem ausschließlichen Ziel der Effizienzverbesserung hinaus. Gepaart mit Risikoscheu und der Erwartung von Erfolgsgarantien ist dies ist nicht der Humus für neue Geschäftsmodelle. Wir sind eine Industrienation und Exportweltmeister – dies ist Basis unseres Denkens. Bis auf wenige Zeiträume in den letzten 70 Jahren waren wir erfolgreich in den „alten" Modellen. Ob diese Modelle aber noch tragen, darf bezweifelt werden.

Noch könnten wir gegensteuern. Dazu muss sich Industrie 4.0 aber vom technologischen Selbstzweck hin zu etwas entwickeln, das vom Menschen und vom Markt her gedacht wird. Es muss befreit werden von Dogmen, Angst und blindem Technikglauben. Es braucht bei der heimischen Industrie die Bereitschaft, das eigene Geschäftsmodell nicht linear fortzuschreiben, sondern es zu zerstören und dafür etwas völlig Neues zu schaffen.

Nicht, dass die Vernetzung hier keine Lösungen anbieten würde: es ist die Phantasiearmut der deutschen Industrie, die hier Sorge macht.

- Industrie 4.0 sieht sich in der Tradition der ersten drei technischen Revolutionen der Produktion. Die einseitige Fixierung auf Technik ist ihr Wesenselement. Industrie 4.0 kommt als Selbstzweck daher. Dabei wird der Mensch als etwas Defizitäres verstanden, das es an die vernetzte Fabrik anzupassen gilt. Unterstützende Systeme wie kollaborative Roboter, sich automatisch auf den Mitarbeiter einzustellende Arbeitsplätze oder gar die erhoffte Höherwertigkeit menschlicher Arbeit sind allenfalls Abfallprodukte, nie aber der eigentliche Zweck von Industrie 4.0.

- Die Nutzenaspekte, insbesondere in Bezug auf Performanceverbesserung oder Marktwachstum, halten einer näheren Überprüfung selten Stand. Auch wirken Äußerungen über die Chancen für die Mitarbeiter wenig durchdacht und eher nachgeschoben. Sie sind nicht so sehr das nachvollziehbar ableitbare und zwingend eintretende Ergebnis einer technischen Entwicklung, sondern eher Ausdruck einer Hoffnung derer, die als Fabrikausrüster oder Dienstleister hier ihr Geschäft sehen.

- Darüber hinaus besteht die Gefahr, bereits Errungenes – wie die Teilhabe der Produktionsmitarbeiter an systemgestaltenden Aktivitäten, z.B. im Rahmen von Kaizen – wieder zu verlieren. Industrie 4.0 bietet hier nichts an. Im Gegenteil: Die Zweiteilung in Denkende und Ausführende erlebt eine Wiedergeburt, bzw. wird zementiert. Technische Lösungen zur Verwaltung des Mangels erscheinen wichtiger, als dessen Beseitigung. Industrie 4.0 setzt die falschen Akzente.

- Industrie 4.0 ist fabrikzentriert und greift deshalb zu kurz. Statt einer horizontalen Marktsicht prägt eine vertikale Sicht auf die technischen Prozesse – die zwangsläufig am Werkstor enden – das Bild. Industrie 4.0 wird hierzulande als ein Instrument zur Optimierung von Fabriken gesehen und setzt auf Performanceverbesserung. Das ist gut, wenn über den Preis verkauft wird. Tut es aber nicht. Deutschland verkauft nicht über den Preis, sondern über Technik, Individualität und Schnelligkeit der Lieferung. Industrie 4.0 wird aber nicht als Chance begriffen, neue Geschäftsmodelle oder gar Branchen zu erzeugen.

- Industrie 4.0 ist aufgrund existenzgefährdender Risiken der Datenhaltung ein Spiel mit dem Feuer. Der drohende Verlust von Produkt- und Produktionswissen gefährdet die Schlüsselbranchen in Deutschland und damit den materiellen Wohlstand.

- Industrie 4.0 ist angstgetrieben und erlebt quasi-religiöse Überhöhung. Gleichzeitig findet eine Verwässerung der Inhalte statt. Industrie 4.0 wird nicht einheitlich verstanden, sondern ist Projektionsfläche für alles Mögliche. Die Heilsversprechungen werden in die Höhe geschraubt und sind oftmals überzogen. Dass dies zu Skepsis bei potentiellen Anwendern führt, darf nun wirklich nicht überraschen.

- Industrie 4.0 wird mit Fabrik der Zukunft gleichgesetzt. Das greift zu kurz und ist grob fahrlässig. Damit lenkt Industrie 4.0 von anderen wichtigen Themen ab und verschafft die trügerische Gewissheit, dass mit der Implementierung von Technik alles Notwendige für die Zukunft getan ist.

Lassen wir es deshalb also sein? Auf gar keinen Fall! Denn während in den Fabriken hierzulande lustvoll Nabelschau betrieben wird, passieren außerhalb dramatische Dinge:

Plattformen und Open Source für Hardware markieren im Kontext der Produktion den Übergang zu einer **Netzwerkökonomie**. Dabei erscheinen neue Mitspieler am Markt. Sie verfügen über keine eigene Infrastruktur. Vielmehr greifen sie auf die von ihren Nutzern bereitgestellte Infrastruktur zurück und orchestrieren sie sehr geschickt mit den technischen Mitteln des Netzes.

Dass sich die deutschen Unternehmen weniger als ihre Wettbewerber aus den USA oder Japan vorstellen, dass mit der Digitalisierung neue Konkurrenten in ihren Markt eindringen könnten, hat dabei nicht unbedingt eine beruhigende Wirkung.[290]

Darüber hinaus verliert die Produktion das **Monopol über die Wertschöpfung**. Mit zunehmender Vernetzung breitet sich das Wissen über Produkte und Produktionsverfahren aus. Ob dies mit oder ohne Cloud erfolgt, beeinflusst höchstens die Geschwindigkeit, in der dies passiert, nicht aber die Tatsache als solche.

Wertschöpfung wandert aus den Fabriken zum Kunden. Die hierfür notwendige Technologie ist für jedermann verfügbar. TechShops und 3D-Druck versetzen immer mehr Menschen in die Lage, den Produktionsprozess selber durchzuführen – in der gleichen Qualität, wie dies heute noch in Fabriken geschieht.

290 Vgl. Schmidt, H.: Industrie 4.0: Was vom Hype übrig bleibt, a.a.O.

Darüber hinaus ist Kapital heutzutage leicht erhältlich. Es sucht intensiv nach Anlagemöglichkeiten und ist webbasiert über diverse Fundingplattformen abrufbar.

Netzwerkökonomie und Verlust des Wertschöpfungsmonopols: All dies wird zu gravierenden Umwälzungen führen. Die Antwort hierauf kann aber nicht in der von den Protagonisten von Industrie 4.0 propagierten Performanceverbesserung der Fabriken liegen.

10.2 Was wir wirklich brauchen: das Manifest für die vernetzte Wertschöpfung

Wenn das Thema der Vernetzung des Digitalen ein Erfolg werden soll, dann ist eine Abkehr von bisherigen Sichtweisen, Einstellungen und Handlungen notwendig. Die im Folgenden beschriebenen Forderungen sollen diese Abkehr mit Handlungsempfehlungen untermauern.

1. Neue Begriffe – anspruchsvolle Inhalte

Ob der Begriff „Industrie 4.0" verbraucht ist oder nicht – er trifft nicht den Kern der Botschaft. Er reduziert das Thema unzulässigerweise auf die Fabrik. Wir brauchen eine neue Bezeichnung für das, was zu tun ist. In diesem Zusammenhang braucht es nicht nur Klarheit, sondern auch anspruchsvolle Begriffsstandards. Denn nicht alles ist disruptiv oder revolutionär. Damit wird der Banalisierung und Verwässerung Einhalt geboten, die die Gefahr in sich trägt, zu glauben, man sei fertig, obwohl man doch gerade erst begonnen hat. Auch muss die Sprache des Mittelstands gesprochen werden statt die Sprache der Forschung, der Verbände und der Politik.

2. Freiheit von Angst und Dogmen

Angst ist ein schlechter Ratgeber. Deshalb sind ein kühler Kopf und eine nüchterne Sicht auf die Dinge zwingend geboten. Nicht alles ergibt einen Sinn. Eine eigene konstruktiv-kritische Meinung zu diesem Thema ist notwendig – anstelle von Dogmen und unreflektiertem Nachbeten des Gehörten. Dann werden auch die Ahnungslosen und die Trittbrettfahrer das Feld räumen.

3. Perspektivenwechsel

Die Diskussion um die vernetzte Wirtschaft muss aus dem kleinen Karo der Fabrik heraus. Das Thema darf nicht länger einseitig aus der Perspektive der Technologie und der Fabrik diskutiert werden. Das allein ist noch nicht sinnstiftend. Man würde damit die Fehler von CIM und von Lean Production wiederholen, indem man Lösungen einführt, ohne das zugehörige Problem zu kennen und ohne Vision einer Produktion von morgen.

Die derzeit diskutierten Methoden und Lösungen basieren ausschließlich auf alten Geschäftsmodellen. Auch deswegen muss die Industrie aus der Technikecke herauskommen und das Thema vom Markt her denken. Es geht darum, sein eigenes Geschäftsmodell zerstören und etwas Neues aufzubauen. Neue Geschäftsmodelle müssen den sich abzeichnenden Paradigmenwechsel reflektieren.

So führen der demographische Wandel und der schleichende Qualitätsverlust in der beruflichen und akademischen Ausbildung dazu, dass immer weniger Menschen hochqualifiziert sind. Wir können uns nicht mehr erlauben, diese Menschen Kundendaten in Listen eintragen und diese durch den Betrieb befördern zu lassen, bevor mit der eigentlichen Wertschöpfung begonnen wird.

Darüber hinaus zeichnet sich ein Wandel von Eigentum zu Nutzung ab. Der Produzent muss wissen, was das Produkt tut und neue Angebote erzeugen. Der Nutzer muss aber auch die Gelegenheit haben, dieses Produkt weiterzuentwickeln und hiervon wirtschaftlich zu profitieren.

4. Einbinden in die Wirtschaft des 21. Jahrhunderts

Ford war bereits vor mehr als 100 Jahren weiter als die Protagonisten von Industrie 4.0 heute – er wusste nämlich, warum er es tat. Er hatte eine Vision und machte sich die wissenschaftlichen Erkenntnisse zunutze. Gleiches gilt für Toyota.

Die beiden von Ford und von Toyota ausgelösten geistigen Revolutionen entstanden in einem dazugehörigen Kontext und haben die Technik nicht als Selbstzweck verstanden, sondern gezielt für sich genutzt. Über allem stand eine Vision, eine Idee. Beiden ist gemein, dass es ihnen nicht nur um bloße Performanceverbesserung, sondern um Märkte und Menschen ging. Genau diese Vision benötigen wir heute, sonst bleibt die Vernetzung des Digitalen genau der Selbstzweck, den Ford und Toyota ausdrücklich nicht betrieben haben und damit äußerst erfolgreich waren.

Das Verhältnis von Kunden, Produzenten und Lieferanten wird derzeit neu verhandelt. Der Stellenwert von Produkten und die Rolle der Fabriken stehen zur Disposition. Auf all dies sind Antworten zu liefern, die über die Vernetzung von Maschinen und Werkstücken weit hinausgehen.

Die Produktion verliert die Hoheit nicht nur über die Wertschöpfung, sondern auch über die Produktentwicklung. Sie wird in die Städte wandern, wo die Kreativität sitzt. Kleinere Einheiten – MiniFabs – oder gar Maker-Werkstätten nach dem Prinzip TechShop bestimmen das Bild.

Die nächste Revolution hat erst dann diese Bezeichnung verdient, wenn sie ihren Nutzen für den Menschen nachweist. Sie sollte aus dem disponiblen und im Zweifel entbehrlichen Produktionsfaktor Mensch den eigentlichen Zweck der industriellen Produktion machen. Den Wertschöpfungsprozess – ganz gleich ob dieser in Fabriken oder außerhalb stattfindet – als Katalysator begreifen für die Weiterentwicklung der Persönlichkeit des Einzelnen und der Gesellschaft insgesamt.

5. Den Wandel gestalten

Der Erfolg dieses Wandels hängt nicht von der Anzahl der Arbeitsgruppen, Exzellenz-Clustern und Initiativen ab, sondern von dem richtigen Denkansatz. Und wenn dieser nun einmal falsch ist, was man für Deutschland bislang noch annehmen darf, dann können im Wochentakt neue Gremien geschaffen werden – dem Ziel kommt man damit nicht näher.

Hinzukommt, dass die geforderten völlig neuen Geschäftsmodelle nicht in einer Umgebung entstehen können, wie sie in vielen deutschen Unternehmen vorherrscht. Einer Umgebung, die geprägt ist durch starre Strukturen und ausgeprägte Hierarchien. Einer Umgebung, in der Erfolg erste Managerpflicht ist, in der Scheitern verboten ist und mit Karriereende bestraft wird. Einer Umgebung, in der von außen aufgenötigte Renditeversprechungen zu allgemeiner Risikoscheu führen.

Wer in einer solchen Umgebung eine entsprechende Arbeitsgruppe einrichtet, hat schon verloren, denn sie agiert im Umfeld von Projektzielen und -budgets, eingepfercht in Meilensteinmeetings und kritisch observiert von Review Boards.

Das Thema gedeiht ausschließlich auf der grünen Wiese und sein Dünger ist die Anarchie – nur so entsteht wirklich Revolutionäres.

Doch wie auch immer wir dieses Kind der Revolution nennen – wir dürfen es nicht gleichsetzen mit der Fabrik der Zukunft. Die Fabrik der Zukunft ist weit mehr als Technik. Sie muss flüchtig und lernfähig sein und hat eine völlig andere Aufbauorganisation, wenn überhaupt. Sie muss ein offenes System sein, deren Mitarbeiter und Partner in temporären Netzwerken tätig sind. Vor dem Hintergrund des Arbeitens bis weit in das achte Lebensjahrzehnt hinein wird es ein neues Verständnis von Karriere geben müssen. Dazu passt, dass angesichts überall verfügbarer Informationen Fachkompetenz in der Fabrik der Zukunft kein Differenzierungsmerkmal mehr sein wird. Selbstverständlich muss es auch neue Arten des Denkens und des Lernens geben. Und ganz nebenbei: Die Betriebswirtschaftslehre, wie wir sie kennen, hat abgewirtschaftet und ist neu zu erfinden. Das alles sind gewaltige Dinge, die aber nicht von allein geschehen – sie müssen erarbeitet werden. Von daher wäre es ein grober Fehler, sich mit nichts anderem zu beschäftigen als der Vernetzung digitaler Objekte. Dies ist ein einzelner, wenn auch wichtiger Baustein der Fabrik der Zukunft – mehr aber auch nicht.

Ja, die Vernetzung des Digitalen wird die Welt verändern. Deshalb müssen wir gedanklich endlich die Technikecke verlassen und das Thema von der Gesellschaft und vom Markt her denken. Dies muss sich in neuen Geschäftsmodellen abbilden und bedarf der Bereitschaft, das Bestehende unsentimental zu zerstören, statt es linear fortzuschreiben.

Wir haben nur dann eine Chance auf Erfolg, wenn wir uns alle die Frage stellen, wie wir zukünftig wirtschaften, arbeiten und leben wollen und aus den Antworten die richtigen Schlüsse ziehen.

Danke!

Syska sagt folgenden Personen „Danke" für inspirierende Diskussionen und wertvollen Input:

Eduard Altmann: „Die illusionsfreie Sicht auf die Dinge"
Sie hatten den Mut, als Erster ein Interview mit mir zu veröffentlichen, als es noch nicht eine einzige kritische Stimme zu Industrie 4.0 gab. Damit haben Sie eine Diskussion ins Rollen gebracht, die noch lange nicht beendet ist.

Prof. Dr. Rainer Barnekow: „Andere Perspektiven"
Sie haben es geschafft, unterschiedliche Menschen an einen Tisch bringen – und mich gleich mit. Da wurde klar: Es ist noch ein weiter Weg bis zur Perspektive des Markts. Wenn aber Ingenieure wie Sie sagen, man darf das Thema nicht nur technisch sehen, besteht Grund zur Hoffnung.

Dr. Wilfried Felser: „Das kleine Karo der Fabrik und die Wirtschaft des 21. Jahrhunderts"
Was für intensive Gespräche mit Ihnen, dem Meister des Schnell- und Weitdenkens, in denen ich hin und wieder auch mal zu Wort kam…

Prof. Dr. Constantin May: „Traumhochzeit oder Traumgebilde"
Sie waren der erste Kritiker von Industrie 4.0, der sich mir tatsächlich auch geöffnet hat. Gemeinsam sind wir aus der Deckung gekommen und haben Flagge gezeigt. Es macht immer wieder Spaß, mit Ihnen die Dinge zu erden und auf den Punkt zu bringen.

Klaus Martens: „Die Rolle des Menschen in der Fabrik"
Ihre klugen Fragen zu diesem Thema haben mich vor laufender Kamera ins Schleudern gebracht und mich dazu bewegt, hierüber gründlicher nachzudenken. Ohne diesen Anstoß wäre manch ein Gedanke zur Rolle der Menschen gar nicht erst entstanden.

Dr. Matthias Möller: „Der pragmatische Ansatz"
Mit Ihnen wollte ich mich auf einer Podiumsdiskussion streiten, was mir aber nicht gelang. Sie haben sich einfach nicht aus der Reserve locken lassen. Danach war mir klar, dass es bei diesem Thema auch Menschen wie Sie gibt, die ideologiefrei und pragmatisch unterwegs sind.

Dr. Dag Piper: „Regeln brechen"
Wie man eine Sache nur so konsequent vom Kunden her denken kann … Sie haben es geschafft, dass ich meinen Blick noch häufiger in diese Richtung lenke. Und ich verspreche Ihnen: Ich bleibe neugierig.

Prof. Dr. Jürgen Quade: „Kein Frontalangriff, aber…"
Ich durfte bei Ihnen einiges über den Patriot Act und über Back Doors lernen. Zu meiner Beruhigung hat dies nicht beigetragen – und das ist gut so.

Prof. Dr. Gerrit Sames: „Der Paradigmenwechsel"
Du bist einer der ganz wenigen, die den Nutzen von Industrie 4.0 auf dem Shopfloor sehen, dabei aber auch den Blick für die anstehenden Umwälzungen haben. Gleichzeitig hast Du mich dazu gebracht, intensiver über die Vorteile der Vernetzung nachzudenken.

Thomas Schneider: „Des Kaisers neue Kleider"
Was für ein denkwürdiger Abend mit Ihnen an der Hotelbar in Düsseldorf. Ihre Generalabrechnung mit Industrie 4.0 war ganz großes Kino. Nichts und niemand hätte Sie bremsen können. Warum lief hier eigentlich kein Aufzeichnungsgerät mit?

Ronny Steinhagen: „Mehr Altruismus"
Sie haben mir einen tiefen Einblick in die Förderlandschaft gegeben und dabei das Gefühl vermittelt, dass mit Steuergeldern nicht gut umgegangen wird. Sie haben Recht: Wir brauchen mehr Menschen, die das Thema um seiner selbst willen vorantreiben und nicht, um an Fördergelder zu gelangen.

Ralf Volkmer: „Mangel an visionärem Denken"
Sie haben mir vermittelt, dass es in der Industrie nur wenig Bereitschaft gibt, über den Tellerrand des Tagesgeschäfts hinauszublicken. Umso mehr nehme ich das als Ansporn, dafür zu werben, die eigenen Geschäftsmodelle in Frage zu stellen.

Prof. Dr. Lars Vollmer: „Komplex – oder doch etwa kompliziert?"
Die Sparringsrunden mit Ihnen sind auch deshalb so wunderbar, weil wir den gleichen Humor haben, Sie mir aber auch zeigen, wie man Dinge satirisch überhöht und zuspitzt.

Danke!

Auch Herr Lièvre möchte die Gelegenheit wahrnehmen, um sich bei folgenden Menschen zu bedanken:

Prof. Dr. Andreas Syska: „Was würde fehlen, wenn wir es rauslassen?"
In vielen guten Gesprächen haben Sie stets den „Zug zum Tor" bei unserem Buchprojekt gewahrt. Besonders möchte ich Ihnen für das Wachrütteln zum Thema CIM danken. Was für Sie einem Déjà-vu glich, konnte es für mich nicht sein. Das ist – durch Sie – nun anders. Für die Möglichkeit, mir in Ihrem inspirierenden Fahrwasser die Arbeit aus mehreren Jahren von der Seele schreiben zu können, bedanke ich mich herzlich!

Seiner Familie: „Mit Abstand betrachtet wirken die Dinge meist anders"
Neben einem hohen Maß persönlicher Unterstützung danke ich Euch für die Möglichkeit zur Erdung. Ihr vertretet die unterschiedlichsten Branchen – auch die der Prozessfertiger – und habt mich mit Eurem Blick auf Industrie 4.0 regelmäßig zu einem wertvollen Perspektivenwechsel motiviert.

Michael Sabas: „Aus der Welt der Bits und Bytes"
Bundesweit im Auftrag des Digitalen unterwegs, möchte ich Dir für die bereichernde Rückkopplung aus der Praxis danken. Mindestens genauso, wie für die unzähligen Stunden, in denen Du als geschätzter Gesprächspartner und Freund mit mir den Blick über den Tellerrand gewagt hast.

Den unzähligen Gesprächspartnern der letzten 14 Jahre: „Die Stimmen vom Shopfloor"
Als mir vor Kurzem der Geschäftsführer eines mittelständischen Maschinenbauunternehmens erklärte, dass seine Mitarbeiter weder eine Vision noch eine Vorstellung von der Art und Weise haben, wie sie zukünftig arbeiten wollen, entsprach das nicht dem, was ich in den letzten Jahren erleben durfte. Erleben durch Gespräche mit Maschinen-

bedienern, Produktionsleitern sowie Instandhaltern quer durch alle Branchenzweige unserer Wirtschaft. Nur wenige waren ausführlich oder tiefgreifend. Vielmehr waren sie authentisch, bei einer Tasse Kaffee, in einer der Getränkeinseln inmitten der Produktionslandschaft. Einem jeden, der ein solches Gespräch mit mir geführt hat, möchte ich danken.

Für ehrliche Worte. Für einen Blick hinter die Kulissen und schlussendlich dafür, ein deutlich differenzierteres Bild von unserem Wirtschaftsstandort und den Menschen, die diesen ausmachen, erlangt zu haben.

11 Literatur

I. Buchquellen

Bullinger, H.-J.: Produktionsforum `88 – Die CIM-fähige Fabrik, Berlin u.a. 1988.

Duthel, H.: Kapitalismus – Ohne jede Bodenhaftung: Kapital, Gewählte und Hofnarren, Norderstedt 2013.

Duus, W./ Gulbins, J.: CAD-Systeme - Hardwareaufbau und Einsatz, Heidelberg u.a. 1983.

Gausemeier, J. / Plass, C.: Zukunftsorientierte Unternehmensgestaltung, 2. Aufl., München 2014.

Lessing, H.-E.: Robert Bosch, 2. Aufl., Hamburg 2007.

Liker, J.K.: Der Toyota Weg, 9. Aufl., München 2014.

Keller, M.: Collision: GM, Toyota, Volkswagen and the Race to Own the 21st Century, New York 1993.

Mattern, F.: Die Informatisierung des Alltags: Leben in smarten Umgebungen, Heidelberg 2007.

National Research Council: Computer Integration of Engineering Design and Production, Washington 1984.

Porter, M.E.: Wettbewerbsvorteile, Frankfurt/Main, 1986.

Smith, A.: The Wealth of Nations, DTV, 10. Aufl., München 2003.

Smith, A.: The Wealth of Nations, Nachdruck, Chichester (UK), 2014.

Vahrenkamp, R.: Von Taylor zu Toyota, Rationalisierungsdebatte im 20. Jahrhundert, 2. Aufl. Köln 2013.

Vajna, S., Weber, C., Bley, H., Zeman, K.: CAx für Ingenieure, 2. Aufl., Heidelberg 2009.

Vierhaus, R.: Deutsche Biographische Enzyklopädie, 2. Aufl., München 2006.

Zimmermann, W.: Unternehmer sind Verrückte: Wie Unternehmer Grenzen überwinden und was Manager von ihnen lernen können, 2. Aufl., Wiesbaden 2014.

II. Aufsätze und Beiträge

Abelshauser, W.: Wieso Robert Bosch acht Stunden arbeiten ließ, in: Frankfurter Allgemeine Sonntagszeitung, 28. März 2010, S. 46.

Billerbeck, J.- D.: Halbleiterhersteller setzen auf Industrie 4.0, in: VDI Nachrichten, 2013, Nr. 47, S. 10.

Billerbeck, J.-D.: Erfolg von Industrie 4.0 basiert auf Chips aus Deutschland, in: VDI Nachrichten, 2014, Nr. 38, S. 1.

Bönsch, R.: IT-Gipfel geht mit Industrie 4.0 in Führung, in: VDI Nachrichten, 2014, Nr. 43, S. 1.

Borchardt, K.: Grundriß der Wirtschaftsgeschichte, in: Ehrlicher, W. u.a. (Hrsg.): Kompendium der Volkswirtschaftslehre, 5. Aufl., Göttingen 1975, S. 512.

BT-Drs.: Antwort der Bundesregierung – Situation des Mittelstands, BT-Drs. 17/12245, 2013, S. 53-54.

BT-Drs.: Ziele des Zukunftsprojekts Internet der Dienste, in: Unterrichtung durch die Bundesregierung, Zukunftsprojekte der Hightech-Strategie (HTS-Aktionsplan), BT-Drs. 17/9261, 2012, S. 31.

Ciupek, M. / Hartbrich, I.: Industrie 4.0: Das Phantom von Nürnberg, in: VDI Nachrichten, 2014, Nr. 48, S. 9.

Ciupek, M.: „Allianz 4.0" will kleine Unternehmen mitnehmen, in: VDI Nachrichten, 2014, Nr. 45, S. 9.

Ciupek, M.: „Abschotten ist keine Alternative", in: VDI Nachrichten, 2015, Nr. 16, S. 2-3.

Ciupek, M.: „Wir wollen alle mitnehmen", in: VDI Nachrichten, 2014, Nr. 45, S. 9.

Deindl, M. / Jordan, F. / Kropp, S. / Schnittler, V.: Informationsmanagement für Industrie 4.0, in: FIR- Zeitschrift für Betriebsorganisation und Unternehmensentwicklung, 15 Jg., 2014, Nr. 2, S. 10-13.

Dlugosch, G.: Mit Industrie 4.0 haben die Logistiker in den Unternehmen noch viel vor, in: VDI Nachrichten, 2014, Nr. 8, S. 13.

Duerand, D.: Maschinen stürmen die Märkte, in: Wirtschaftswoche, 2015, Nr. 33, S. 49-50.

Fecht, N.: Industrie 4.0: Die schöne neue Produktionswelt, in: Openautomation, 2013, Nr. 4, S. 2-3.

Franke, S.: Gemeinsam erfolgreich, in: Krügl, S. / Murschall, D. / Richter, D.M. (Hrsg.): HR Innovation: Gemeinsam Unternehmenskultur umdenken, Regensburg 2014, S. 98.

Giersberg, G.: Industrie 4.0 für Kaufleute und Juristen, in: FAZ, 2014, Nr. 88, S. 16.

Girschner, S.: Hat Snowden-Weckruf die deutsche Industrie erreicht? in: Produktion, 2013, Nr. 43, S. 6.

Hammerschmidt, Ch.: Auf dem Weg zur Industrie 4.0 nehmen Herausforderungen Gestalt an, in: VDI Nachrichten, 2013, Nr. 49, S. 13.

Hartbrich, I.: Industrie 4.0: Revolution auf dem Prüfstand, in: VDI Nachrichten, 2014,
Nr. 5, S. 1.

Hartbrich,I. / Steiger, H.: Der Stechuhr letztes Stündlein hat geschlagen, in: VDI Nachrichten, 2014, Nr. 26, S. 10.

Henrich, A.: Ende einer Idylle, in: Wirtschaftswoche, 2015, Nr. 16, S. 60-62.

Heßler, M.: Die Halle 54 bei Volkswagen und die Grenzen der Automatisierung. Überlegungen zum Mensch-Maschine-Verhältnis in der industriellen Produktionder 1980er-Jahre, in: Zeithistorische Forschungen, 2014, H. 1, S. 56-76.

Hiemer, K.: Industrie 4.0 treibt Logistik an, in: Produktion, 2013, Nr. 44, S. 1.

Hiemer, K.: Schwarmintelligenz befeuert Logistik, in: Produktion, 2014, Nr. 8, S. 1.

Hoffmann, M. / Holz, M. / Kranzusch, P.: Außenwirtschaftsaktivitäten von kleinen und mittleren Unternehmen im Lichte der amtlichen Statistik, in: Institut für Mittelstandsforschung Bonn (Hrsg.): Daten und Fakten, 2013, Nr. 9.

Ilg, P. : „Weil wir eine Revolution auf Ansage machen, hinkt die Ausbildung nach", in: VDI Nachrichten, 2014, Nr. 5, S. 2.

Kalhoff, J.: Phoenix Contact: Produkte für Industrie 4.0, in: Produktion, 2013, Nr. 49, S. 18.

Kellerhoff, P.: „Big Data ist die vielleicht letzte Chance für Deutschland in der IT-Branche", in: VDI Nachrichten, 2014, Nr. 10, S. 2.

Kellerhoff, P.: „Der Umsatz mit Cyberkriminalität ist höher als der weltweite Umsatz mit Drogen", in: VDI Nachrichten, 2014, Nr. 42, S. 8.

Kellerhoff, P.: Hohe Sicherheit verschafft deutschen Cloud-Anbietern Standortvorteile, in: VDI Nachrichten, 2013, Nr. 41, S. 9.

Kellerhoff, P.: Ist der deutsche Mittelstand überhaupt noch zu retten?, in: VDI Nachrichten, 2013, Nr. 42, S. 9.

Kippels, D.: Daten aus der Produktion stärken Industrie 4.0, in: VDI Nachrichten, 2014, Nr. 43, S. 14.

Knüpffer, G.: Deutsche denken nur an Fabrik, in: Produktion, 2014, Nr. 27, S. 9.

Knüpffer, G.: Gefährlicher als Atomangriff, in: Produktion, 2014, Nr. 40, S. 10-11.

Knüpffer, G.: Wie es zu Industrie 4.0 kam, in: Produktion, 2014, Nr. 46, S. 4-5.

Kurmann, F.: „Es ist Zeit, intensiv über den Cyberkrieg zu sprechen", in: VDI Nachrichten, 2014, Nr. 11, S. 7.

Matzer, M.: Der deutsche Cloudmarkt wächst, doch die Fertigungsindustrie hinkt hinterher, in: VDI Nachrichten, 2014, Nr. 36, S. 10.

Matzer, M.: Erfolge im Kampf gegen Cyberangriffe, doch die Angriffsflächen nehmen zu, in: VDI Nachrichten, 2013, Nr. 42, S. 9.

Nördinger, S.: Siemens und Kuka ebnen Industrie 4.0 den Weg, in: Produktion, 2013, Nr. 39, S. 5.

o.V.: Die eiserne Hand schafft mehr, in: Der Spiegel, 1984, Nr. 21, S. 20-26.

o.V.: Konzerne sind Vorreiter bei 4.0, in: Produktion, 2013, Nr. 50, S. 29.

o.V.: Nichts Vergleichbares, in: Der Spiegel, 1983, Nr. 37, S. 69-73.

Pasche, E.: Skepsis der Stadtwerke in Sachen Industrie 4.0, in: VDI Nachrichten, 2015, Nr. 39, S. 8.

Reisinger, N.: Die Entwicklung der Dampfmaschine, in: Österreichische Gesellschaft zur Erforschung des 18. Jahrhunderts (Hrsg.): Zur Ausweitung des Horizonts, Wien 1999, S. 243.

Russ, H.-G.: Industrie 4.0: Mit dem Internet der Dinge auf dem Weg zur 4. Industriellen Revolution, in: VDI Nachrichten, 2011, Nr. 13, S. 2.

Schlott, S.: Selbst ist die Fabrik, in: AMPERE, 2013, Nr. 1, S. 22.

Scheer, A.-W.: CIM – eine Herausforderung für den Mittelstand, in: Scheer, A.-W. (Hrsg.): Computer Integrated Manufacturing, Heidelberg 1988, S. 3-13.

Schürmann, H.: Industrie 4.0 ist auf dem besten Weg in die Praxis, in: VDI Nachrichten, 2014, Nr. 3, S. 7.

Spilok, K.: Wenn Algorithmen Arbeitsplätze bedrohen, in: VDI Nachrichten, 2015,
Nr. 44, S. 32.

Spinnarke, S.: „Für uns ist Interoperabilität nicht neu", in: Produktion, 2013, Nr. 35, S. 5.

Spinnarke, S.: „Wir nutzen Industrie 4.0", in: Produktion, 2013, Nr. 40, S. 5.

Spinnarke, S.: Industrie 4.0: Sensorhersteller rüsten sich, in: Produktion, 2014, Nr. 21, S. 17.

Spinnarke, S.: Montage 4.0: Kein Griff umsonst, in: Produktion, 2014, Nr. 43, S. 6-7.

Spinnarke, S.: Phoenix Contact auf dem Weg zur Mega-Factory, in: Produktion, 2013, Nr. 42, S. 8.

Spinnarke, S.: Zukunft Industrie 4.0: ohne Standards?, in: Produktion, 2013, Nr. 33-34, S. 1.

Voges, J.: 1 Mrd. € für die Erforschung der digitalen Arbeitswelt, in: VDI Nachrichten, 2014, Nr. 37, S. 5.

Volkswagen AG:

VW-Geschäftsbericht 1977, S. 41.

VW-Geschäftsbericht 1978, S. 14.

VW-Geschäftsbericht 1979, S. 39.

VW- Mitarbeiterzeitschrift Autogramm, 1981, Nr. 3, S. 5.

VW- Mitarbeiterzeitschrift Autogramm, 1981, Nr. 5, S. 3.

VW- Mitarbeiterzeitschrift Autogramm, 1981, Nr. 7-8, S. 1.

Weiss H.: Big Data: „Wer nicht investiert, gerät ins Hintertreffen“, in: VDI Nachrichten, 2013, Nr. 44, S. 14.

Weiss, H.: Cloud-Computing: Anbieter reagieren auf Sicherheitsbedenken der Unternehmen, in: VDI Nachrichten, 2014, Nr. 19, S. 12.

Westerfeld, H.: Chancen und Fragestellungen, in Niemann, F. / Paul J.-A. (Hrsg): Rechtsfragen des Cloud Computing, Berlin 2014, Kap. 2, Rn. 3.

Winterhagen, J.: Automatisiert zur Losgröße, in: AMPERE, 2013, Nr. 1, S. 15-16.

III. Internetquellen

acatech: Cyber-Physical Systems, Innovationsmotor für Mobilität, Gesundheit, Energie und Produktion (acatech Position), 2011, S. 33, http://goo.gl/bdlyAN, Zugriff am 30.03.2016.

acatech: Leitbild, http://www.acatech.de/de/ueber-uns/leitbilder-und-leitlinien.html, Zugriff am 02.04.2016.

acatech: Monitoring-Bericht 2015, 2015, S. 25, https://www.bmbf.de/files/acatech_GWK_Bericht_2015_WEB_final.pdf, Zugriff am 04.04.2016.

Allgaier, H.-J.: CeBit-Thema Cloud: HPI veröffentlicht Vergleichstest der größten Anbieter, 2014, S. 1, http://goo.gl/Mgf27E, Zugriff am 15.12.2015.

Allianz Mittelstand 4.0: Wie sehen die nächsten Schritte aus?, http://www.mittelstand-40.de/, Zugriff am 11.02.2016.

Bauer, W. / Schlund,S. / Marrenbach, D. / Ganschar, O..: Industrie 4.0 – Volkswirtschaftliches Potenzial für Deutschland, 2014,S. 36, http://www.bitkom.org/files/documents/Studie_Industrie_4.0.pdf, Zugriff am 17.03.2015.

Bender, S.: Vom Underdog zum Selfmademan, Die Biografie von Henry Ford, http://www.henry-ford.net/deutsch/biografie.html, Zugriff am 02.10.2015.

Bender, S.: Zitate und Weisheiten von Henry Ford, http://www.henry-ford.net/deutsch/zitate.html, Zugriff am 22.03.2016.

Berberich, S.: China jagt den Patentweltmeister, http://www.focus.de/finanzen/news/unternehmen/tid-25519/rennen-um-erfindungen-china-wird-patent-weltmeister_aid_738780.html, Zugriff am 21.10.2015.

Bitkom: Über uns, https://www.bitkom.org/Bitkom/Ueber-uns/, Zugriff am 31.03.2016.

BITMi: Der BITMi, http://www.bitmi.de/php/evewa2.php?d=1460108704&menu=01&GSAG=4bf0da03939edb0a206721a29f5b3469, Zugriff am 08.04.2016.

BMBF: Zukunftsprojekt Industrie 4.0, https://www.bmbf.de/de/zukunftsprojekt-industrie-4-0-848.html, Zugriff am 15.10.2015.

BMBF: Zukunftsvision Industrie 4.0, 2012, S. 6-7., http://www.plattform-i40.de/I40/Redaktion/DE/Downloads/Publikation/zukunftsbild-industrie-4-0.pdf?__blob=publicationFile&v=3, Zugriff am 29.04.2016.

BMBF: Die Hightech-Strategie für Deutschland, 2006, http://www.bmbf.de/pubRD/bmbf_hts_lang.pdf, Zugriff am 02.09.2015.

BMBF: Zukunftsbild „Industrie 4.0“, 2013, S. 6-32, https://www.bmbf.de/pub/Zukunftsbild_Industrie_40.pdf, Zugriff am 29.03.2016.

BMWi: Memorandum der Plattform Industrie 4.0, 2015, S. 3 f. https://www.bmwi.de/BMWi/Redaktion/PDF/M-O/memorandung-industrie-4-0,property=pdf,bereich=bmwi2012,sprache=de,rwb=true.pdf, Zugriff am 29.03.2016.

BMWi: Wirtschaftsmotor Mittelstand, https://www.bmwi.de/BMWi/Redaktion/PDF/W/wirtschaftsmotor-mittelstand-zahlen-und-fakten-zu-den-deutschen-kmu,property=pdf,bereich=bmwi2012,sprache=de,rwb=true.pdf, Zugriff am 12.05.2015.

BMWi: Aktionsprogramm Cloud Computing, 2010, S. 10, http://www.bmwi.de/BMWi/Redaktion/PDF/Publikationen/Technologie-und-Innovation/aktionsprogramm-cloud-computing,property=pdf,bereich=bmwi2012,sprache=de,rwb=true.pdf, Zugriff am 07.09.2015.

Bohn, D.: Building blocks: how Project Ara is reinventing the smartphone, http://goo.gl/rR4J83, Zugriff am 21.10.2015.

BorgWarner: Pressemitteilung, 2014, S. 1, http://www.kapaflexcy.de/content/dam/kapaflecy/documents/BorgWarner_Pressemitteilung.pdf, Zugriff am 17.04.2016.

Bortis, H.: Die Industrielle Revolution – das Schlüsselereignis in der Wirtschaftsgeschichte, 2011, S. 33, http://www.unifr.ch/withe/assets/files/Bachelor/Wirtschaftsgeschichte/Wige_IndRev1234.pdf, Zugriff am 14.09.2015.

Bosch: Bosch Unternehmensgeschichte, 2011, S. 2, http://www.bosch.com/media/com/bosch_group/history/documents/firmenchronik/Bosch-Geschichte_im_Ueberblick.pdf, Zugriff am 03.12.2015.

BSI: Die Lage der IT-Sicherheit in Deutschland, 2014, S. 31, https://goo.gl/F6gsov, Zugriff am 11.11.2015.

Claas: Farm Management, http://www.claas.de/produkte/easy/farm-management, Zugriff am 03.05.2016.

Detica Limited: The cost of cyber crime, 2011, S. 16-18., https://www.gov.uk/government/uploads/system/uploads/attachment_data/file/60943/the-cost-of-cyber-crime-full-report.pdf, Zugriff am 28.05.2016.

Deutsches Museum: Dampflokomobil, http://www.deutsches-museum.de/sammlungen/maschinen/kraftmaschinen/dampfkraftmaschinen/dampflokomobile, Zugriff am 23.11.2015.

Emmrich, V. / Döbele, M. / Bauernhansl, T. / Paulus-Rohmer, D./ Schatz, A./ Weskamp, M.: Geschäftsmodell-Innovation durch Industrie 4.0, 2015, S. 13, http://www.wieselhuber.de/lib/public/modules/attachments/files/Geschaeftsmodell_Industrie40-Studie_Wieselhuber.pdf, Zugriff am 15.02.2016.

Festo: Die Industrie 4.0-Komponente als Schlüssel zur Umsetzung von Industrie 4.0, 2014, S. 15, http://www.fkm-net.de/cms/upload/Forum_Industrie_4.0/05_Michael%20Hoffmeister%20-%20Die%20I40-Komponente%20als%20Schluessel%20zur%20Umsetzung%20von%20I40.pdf, Zugriff am 11.04.2016.

Fischer, D.: Deutschland hinkt bei Industrie 4.0 hinterher, http://www.presseportal.de/pm/8664/2597380, Zugriff am 21.04.2016.

Forbes: Umsatz mit Cloud Computing** weltweit von 2009 bis 2016 (in Milliarden US-Dollar), http://de.statista.com/statistik/daten/studie/195760/umfrage/umsatz-mit-cloud-computing-weltweit-seit-2009/, Zugriff am 15.10.2015.

Forcam: Industrie 4.0 „In a Box", http://www.forcam.de/index.php?id=306, Zugriff am 17.04.2016.

Fraunhofer IAO: Drei Pilotanwendungen zeigen Potenziale der Industrie 4.0, http://www.iao.fraunhofer.de/lang-de/index.php?option=com_content&view=article&id=1644&lang=de, Zugriff am 17.04.2016.

Fraunhofer IAO: Stuttgarter Fraunhofer- und Universitätsinstitute sind Partner der „Allianz Industrie 4.0 BW", https://www.iao.fraunhofer.de/lang-de/ueber-uns/presse-und-medien/1441-anwendungszentrum-industrie-4-0.html, Zugriff am 01.04.2016.

Fraunhofer IML: InBin – Der intelligente Behälter, http://www.iml.fraunhofer.de/de/themengebiete/automation_eingebettete_systeme/Produkte/IntelligenterBehaelter.html, Zugriff am 04.05.2016.

Fraunhofer-Anwendungszentrum Industrial Automation (IOSB-INA): Intelligente Assistenzsysteme, http://www.smartfactory-owl.de/index.php/de/work-processes/365-intelligente-assistenzsysteme-handarbeitsplatz, Zugriff am 18.04.2016.

Freudenberg IT: IT Innovation Readiness Index, 2013, S. 11, http://www.freuden berg-it.com/fileadmin/Data/IRI_Studie/IRI_2013/it-innovation-readiness-index-2013-studienreport.pdf, Zugriff am 10.02.2016.

Freudenberg IT: IT Innovation Readiness Index, 2014, S. 9, http://www.freudenberg-it.com/filead min/Data/IRI_Studie/IRI_2014/Downloads_PDFs/FIT_Press-Release_IRI-2014-rgebnis_10MB_DE.pdf, Zugriff am 09.02.2016.

Frey, C.B. / Osborne, M.A.: The Future of Employment: How susceptible are jobs to computerization, 2013, S. 44, http://www.oxfordmartin.ox.ac.uk/downloads/academic/The_Future_of_Employment.pdf, Zugriff am 18.02.2016.

Föhr, T.: Industrie 4.0: Auf dem Weg zum demokratischen Unternehmen mit Innovationskultur, https://tanjafoehr.com/2015/02/26/industrie-4-0-auf-dem-weg-zum-demokratischen-unternehmen-mit-innovationskultur/, Zugriff am 26.04.2016.

Gabler Wirtschaftslexikon: Stichwort: Industrie 4.0, online im Internet, http://wirtschaftslexikon.gabler.de/Archiv/-2080945382/industrie-4-0-v1.html, Zugriff am 29.03.2016.

Geissbauer, R. / Schrauf, S. / Koch, V. / Kuge, S..: Industrie 4.0 - Chancen und Herausforderungen der vierten industriellen Revolution, 2014, http://www.tnsemnid.com/politik_und_sozialforschung/pdf/PwC_Studie_Indusrie_4.0.pdf, Zugriff am 11.04.2015.

Grünwald, R.: Moderne Stromnetze als Schlüsselelement einer nachhaltigen Energieversorgung, http://www.tab-beim-bundestag.de/de/pdf/publikationen/berichte/TAB-Arbeitsbericht-ab162.pdf, Zugriff am 11.11.2015.

Hakkens, D.: Phonebloks, https://www.yutube.com/watch?v=oDAw7vW7H0c, Zugriff am 21.10.2015.

Heckl, W. / Mack,J.: Die Cloud für Ihre CAD-Umgebung, http://www.cloud-cad.de/cadcloud-overview.html, Zugriff am 22.12.2015.

Henkes, H. / Zilich, A.: Industrie 4.0 im Kontext von Cloud Computing –ohne Cloud geht nichts, in: ICT News Dach, Erperton-Group (Hrsg.), http://www.experton-group.de/research/ict-news-dach/news/industrie-40-im-kontext-von-cloud-computing-ohne-cloud-geht-nichts.html, Zugriff am 16.09.2015.

Honsel, G.: Aufmerksamkeits-Kurven: Die Hype-Zyklen neuer Technologien, in: Spiegelonline, 21. Oktober 2006.

Hübner, I.: 40 Jahre SPS, http://www.openautomation.de/detailseite/40-jahre-sps/, Zugriff am 18.12.2014.

IEEE Computer society: John T.Parsons: http://history.computer.org/pioneers/parsons.html, Zugriff am 29.12.2015.

IIC: The industrial internet architecture technical report, http://www.iiconsortium.org/IIRA.htm,Zugriff am 03.05.2016.

ING-DiBa AG: Die Roboter kommen – Folgen der Automatisierung für den deutschen Arbeitsmarkt, 2015, S. 1-4, https://www.ing-diba.de/pdf/ueber-uns/presse/publikationen/ing-diba-economic-research-die-roboter-kommen.pdf, Zugriff am 28.02.2016.

inIT: Industrie 4.0: Prozessoptimierung durch selbstlernende Diagnose, https://www.hs-owl.de/init/de/aktuelles/archiv/archiv-einzelansicht/news/industrie-40-prozessoptimierung-durch-selbstlernende-diagnose.html, Zugriff am 15.02.2016.

Joachim Herz Stiftung: Elektromotor von Jacobi, http://www.leifiphysik.de/themenbereiche/kraft-auf-stromleiter-e-motor/geschichte, Zugriff am 10.03.2016.

Kallweit, J.: ZVEI-Trendanalyse bis 2019, http://www.all-electronics.de/zvei-trendanalyse-bis-2019/, Zugriff am 31.03.2016.

Knoll, A.: Durchgängigkeit ist der entscheidende Faktor, http://www.elektroniknet.de/automation/m2m/artikel/103989/, Zugriff am 15.02.2016.

Kuhn, D.: Google behält Project Ara und Motorola Forschungsabteilung, http://www.techstage.de/news/Google-behaelt-Project-Ara-und-Motorolas-Forschungsabteilung-2101948.html, Zugriff am 21.10.2015.

Langer, R.: To kill a centrifuge, 2013, S. 8, http://www.langner.com/en/wp-content/uploads/2013/11/To-kill-a-centrifuge.pdf, Zugriff am 03.12.2015.

Meinel, C. / Schnjakin, M. / Metzke, T. / Freitag, M.: Anbieter von Cloud Speicherdiensten im Überblick, 2014, S. 23, http://goo.gl/5vCuA1, Zugriff am 15.12.2015.

Mell, P. /Grace, T.: The NIST Definition of Cloud Computing, 2011, S. 2, http://nvlpubs.nist.gov/nistpubs/Legacy/SP/nistspecialpublication800-145.pdf, Zugriff am 20.12.2015.

Meuser, R.: Haushaltsroboter aus Japan: Pepper soll US-Markt erobern, http://www.spiegel.de/netzwelt/gadgets/softbank-pepper-haushalts-roboter-aus-japan-bald-in-den-usa-a-989599.html, Zugriff am 18.02.2016.

Militzer, M.: Prozess MITEC gegen FORD verschoben, http://www.mitec-automotive-ag.de/presse/aktuelle-meldungen/meldung/datum/2014/12/16/prozess-mitec-gegen-ford-verschoben.html, Zugriff am 04.05.2016.

Müller, E.: So kommunizieren Maschinen künftig, http://www.manager-magazin.de/unternehmen/it/industrie-4-0-deutschland-setzt-standards-fuer-kommunikation-a-1050040.html, Zugriff am 03.05.2016.

Nickel, W.: Autos am laufenden Band, http://www.zeit.de/auto/2013-04/ford-fliessband-massenproduktion, Zugriff am 12.03.2016.

o.V.: Cyber-Physical Systems – Wandel in Wirtschaft und Gesellschaft, in: acatech (Hrsg.): Cyber-Physical Systems: Innovationsmotor für Mobilität, Gesundheit, Energie und Produktion, 2011, S. 11, http://www.acatech.de/fileadmin/user_upload/Baumstruktur_nach_Website/Acatech/root/de/Material_fuer_Sonderseiten/Cyber-Physical-ystems/acatech_POSITION_CPS_web.pdf, Zugriff am 05.01.2016.

o.V.: Cyber-Physical Systems: Visionen, Charakteristika und neue Fähigkeiten, in: Geisberger, E./Broy, M. (Hrsg.): acatech CPS, Integrierte Forschungsagenda Cyber-Physical Systems, 2012, http://goo.gl/e1DejM, Zugriff am 30.03.2016.

o.V.: Revolution, 2013, http://www.duden.de/rechtschreibung/Revolution, Zugriff am 04.09.2015.

o.V.: 111 Jahre jung., http://social.ford.de/111-jahre-jung/, Zugriff am 13.12.2015.

o.V.: BMW Group und UnternehmerTUM holen TechShop nach Deutschland, https://www.unternehmertum.de/announcement/view/65622/bmw-group-und-unternehmertum-holen-techshop-nach-deutschland, Zugriff am 24.10.2015.

o.V.: Successful projects: http://invest.techshop.com/, Zugriff am 24.10.2015.

o.V.: TechShop Membership, https://secure.techshop.ws/memberships.cfm?step=select_offer&offer=58, Zugriff am 24.10.2015.

Ogbukagu, O.: Vernetzte Industrie beflügelt Hannover Messe, http://www.messe.de/de/deutsche-messe/presse/news/pressemitteilungen?id=717953&page_size=10&lang=D, Zugriff am 06.10.2015.

Perfect Production: Anwendungszentrum Industrie 4.0, http://www.perfect-production.de/de/forschung/kooperation-mit-der-universitaet-potsdam, Zugriff am 02.04.2016.

Pfläging, N. / Vollmer, L. / Seibert, M.: Organisation und Komplexität 6, https://blog.seibert-media.net/blog/2014/11/25/organisation-und-komplexitaet-6-komplexe-probleme-loesen-niels-pflaeging-lars-vollmer-und-martin-seibert-diskutieren/, Zugriff am 28.04.2016.

Piller, F.: Geschäftsmodelle für Industrie 4.0, https://www.youtube.com/watch?v=YICjv90QtKo, Zugriff am 26.05.2016.

Pohl, J.: Cloud-Ängste stehen IT-Innovationen im Mittelstand im Weg, https://www.springerprofessional.de/technische-informatik/it-organisation/cloud-aengste-stehen-it-innovationen-im-mittelstand-im-weg/6607336, Zugriff am 04.05.2016.

Precht, R.D.: Die vierte industrielle Revolution, in: Interview ORF, 16.10.2014, https://goo.gl/xGGY28, Zugriff am 05.05.2016.

Promotorengruppe Kommunikation der Forschungsunion Wirtschaft –Wissenschaft (Hrsg.): Umsetzungsempfehlungen für das Zukunftsprojekt Industrie 4.0, 2012, S. 2-69, http://www.forschungsunion.de/pdf/industrie_4_0_umsetzungsempfehlungen.pdf, Zugriff am 22.03.2015.

Promotorengruppe Kommunikation der Forschungsunion Wirtschaft –Wissenschaft (Hrsg.): Umsetzungsempfehlungen für das Zukunftsprojekt Industrie 4.0, 2013, S. 21, https://www.bmbf.de/files/Umsetzungsempfehlungen_Industrie4_0.pdf, Zugriff am 24.03.2015.

Reinhart, W.: Industrie 4.0 – Projekt läuft!, http://www.computer-automation.de/unternehmensebene/engineering/artikel/95527/, Zugriff am 17.04.2016.

Robert Bosch Stiftung: Der Unternehmer, http://www.bosch-stiftung.de/content/language1/html/8618.asp, Zugriff am 03.12.2015.

Sames, G. / Ostertag, W.: Stand von Industrie 4.0 im Mittelstand, 2015, S. 6-34, http://www.ebusiness-lotse-mittelhessen.de/images/dokumente/Industrie%2040-Studie.pdf, Zugriff am 10.02.2016.

Schaal, S.: Warum die Industrie 4.0 noch am Anfang steht, http://www.wiwo.de/unternehmen/mittelstand/zukunftsallianz-maschinenbau-warum-die-industrie-4-0-noch-am-anfang-steht/12277416-all.html, Zugriff am 11.02.2016.

Schmidt, H.: Industrie 4.0: Was vom Hype übrig bleibt, https://netzoekonom.de/2016/03/09/industrie-4-0/, Zugriff am 26.05.2016.

SDI-Projekt Automation GmbH: Seminare 2015 Industrie 4.0, https://www.sdi-project.de/anwendung-von-industrie-4-0/, Zugriff am 14.02.2016.

Solid Systems Team GmbH: CAD als Online-Service, http://www.cloud-cad.de/cadcloud-overview.html, Zugriff am 08.02.2016.

Spinnarke, S.: Industrial Internet vs. Industrie 4.0, http://goo.gl/SWVJ6S, Zugriff am 28.10.2015.

Stangler, D.: Do it yourself: Creating a producer society, http://goo.gl/CBF9Ej, Zugriff am 23.10.15.

Stephan, P.: Wie sich Wittenstein im Bereich Industrie 4.0 engagiert, https://www.youtube.com/watch?v=qhH_nJrS7Mk, Zugriff am 11.04.2016.

VDMA: Wer wir sind, https://www.vdma.org/article/-/article-view/6656392, Zugriff am 31.03.2016.

Vogel Business Media: Industrie 4.0 – Das Seminar, http://www.b2bseminare.de/technik-und-it/industrie-40--das-seminar, Zugriff am 14.02.2016.

Zimory: Cloud Computing & Industrie 4.0, http://www.zimory.com/loesungen/warum-zimory/cloud-computing-industrie-40.html, Zugriff am 13.02.2016.

Zuse, H.: Rechner Z1, http://www.horst-zuse.homepage.t-online.de/z1.html, Zugriff am 13.12.2015.

ZVEI: Nationale Roadmap Embedded Systems, 2009, S. 6-55, http://www.safetrans-de.org/documents/NRMES_2009.pdf, Zugriff am 07.04.2016.

ZVEI: Das Referenzarchitekturmodell Industrie 4.0 (RAMI 4.0), 2015, S. 2, http://www.zvei.org/Downloads/Automation/ZVEI-Faktenblatt-Industrie4_0-RAMI-4_0.pdf, Zugriff am 02.05.2016.

ZVEI: Das Referenzarchitekturmodell RAMI 4.0 und die Industrie 4.0-Komponente, http://www.zvei.org/Themen/Industrie40/Seiten/Das-Referenzarchitekturmodell-RAMI-40-und-die-Industrie-40-Komponente.aspx, Zugriff am 02.05.2016.

ZVEI: Ein starker Partner: http://www.zvei.org/Mitglieder/Seiten/Startseite.aspx, Zugriff am 30.03.2016.

Die Autoren

Prof. Dr. Andreas Syska

Die Faszination für Produktion begleitet Prof. Dr. Andreas Syska sein gesamtes Berufsleben. Nach seinem Maschinenbaustudium mit der Vertieferrichtung Fertigungstechnik an der RWTH Aachen war er zunächst als wissenschaftlicher Mitarbeiter am Aachener Forschungsinstitut für Rationalisierung tätig. Dort hat er sich mit Fragen des EDV-Einsatzes in der Produktion beschäftigt und dabei auch eine Reihe von Industrieprojekten durchgeführt.

Nach seiner Promotion zum Dr.-Ing. ist Herr Prof. Syska in die Industrie gewechselt – und zwar zur Robert Bosch GmbH nach Stuttgart. Dort war er zunächst Assistent in der Werkleitung des Stammwerks in Feuerbach und wurde kurze Zeit später Produktionsleiter bei einer Tochtergesellschaft des Konzerns. Nach einem kurzen Engagement für das Beratungshaus Arthur D. Little ist er wieder zurück in seine alte Heimat – das Rheinland – und hat sich dort als Berater für Fabrikorganisation selbständig gemacht.

Kurze Zeit später hat er einen Ruf an die Hochschule Niederrhein nach Mönchengladbach erhalten. Dort vertritt Prof. Syska seitdem das Lehr- und Forschungsgebiet Produktionsmanagement und versucht, seinen Studenten sowie seinen Kooperationspartnern in der Industrie ein größtmögliches Stück dieser Faszination weiterzugeben.

Seit über 20 Jahren betreut er produzierende Unternehmen bei Fragestellungen rund um die Produktion. Dabei ist sein Schwerpunkt Lean Production – die schlanke Fabrik. In mehr als 300 Seminaren, Vorträgen und Key Notes hat er bis heute mehr als 5.000 Menschen an seinen Gedanken unmittelbar teilhaben lassen.

In seiner Forschungsarbeit beschäftigt sich Prof. Syska u.a. mit der Frage, wie die Fabrik der Zukunft aussehen wird. Dabei ist es unvermeidlich, auf das Thema Industrie 4.0 zu stoßen. Er hat sich hierzu Gedanken gemacht, die so gar nicht zu dem passen wollen, was der Mainstream zu Industrie 4.0 von sich gibt.

Philippe Lièvre

Innovative Technologien und Herausforderungen im Wechselspiel mit ihrer Umwelt begeistern Philippe Lièvre seit jeher. Als Mechatroniker und Fahrzeugtechnikermeister war er als solcher in der Funktion des Werkstattleiters in der BMW-Händlerorganisation mehrere Jahre tätig.

Im Anschluss studierte er Betriebswirtschaftslehre, mit den Schwerpunkten des internationalen Managements sowie Einkauf und Logistik. Dieses Wissen vertieft Herr Lièvre aktuell im Masterstudiengang Business Management an der Hochschule Niederrhein, Mönchengladbach. Seine wissenschaftliche Mitarbeit widmet er dort am Fachbereich Wirtschaftswissenschaften dem Forschungsgebiet der Vierten Industriellen Revolution, unter der Leitung von Professor Syska.

Nebenberuflich engagiert sich Herr Lièvre seit 14 Jahren als Projektmitarbeiter Instandhaltung bei der Piepenbrock Service GmbH & Co. KG, einem der bundesweit führenden Unternehmen in diesem Segment. Dieser lange Zeitraum ermöglichte Herrn Lièvre Einblicke in Fertigungsstätten nahezu aller in Deutschland vertretenden Branchenzweige, wie bspw. der Stahl-, Chemie- und Lebensmittelindustrie oder dem Maschinenbau.

Ein fundiertes technologisches Verständnis in Kombination mit einer betriebswirtschaftlichen Sichtweise und der notwendigen Praxisnähe motivieren Herrn Lièvre, Industrie 4.0 ganzheitlich zu betrachten.